THE COLOR OF PHILOSOPHY

Concerned Forms in Aesthetics

哲学的颜色

美学的关联形态

孙 津 著

△ 团结出版社
UNITY PRESS

图书在版编目（ＣＩＰ）数据

哲学的颜色：美学的关联形态 / 孙津著 . -- 北京：
团结出版社，2023.10
ISBN 978-7-5126-9956-4

Ⅰ.①哲… Ⅱ.①孙… Ⅲ.①哲学－通俗读物 Ⅳ.
①B-49

中国版本图书馆 CIP 数据核字 (2022) 第 242896 号

出　　版：团结出版社
　　　　　（北京市东城区东皇城根南街 84 号　邮编：100006）
电　　话：（010）65228880　65244790（出版社）
　　　　　（010）65238766　85113874　65133603（发行部）
　　　　　（010）65133603（邮购）
网　　址：http://www.tjpress.com
E-mail：zb65244790@vip.163.com
　　　　　tjcbsfxb@163.com（发行部邮购）
经　　销：全国新华书店
印　　装：三河市东方印刷有限公司

开　　本：147mm×210mm　　32 开
印　　张：5.75
字　　数：12 千字
版　　次：2023 年 10 月　第 1 版
印　　次：2023 年 10 月　第 1 次印刷

书　　号：978-7-5126-9956-4
定　　价：40.00 元

目 录

导 言

导 言

　　自从哲学被发明出来直到今天，几乎所有哲学家都自觉不自觉地以及或多或少地认为有一种叫作理性的东西。尽管对理性的含义有各种理解，但相同的一点在于，都认为理性是人特有的一种高级的脑功能。与理性相对，历来就把美学叫作感性学，并作为哲学的一部分。在这种哲学传统中，最为主流的理论是以康德为基础的，也就是区分出理性和感性，从而审美是一种感性的活动，提供给审美意识的东西只涉及相应的形式，而不是内容。因此，美一般来说也不涉及利益或厉害，而是一种纯粹的关照或游戏。

　　但是，我一直对上述哲学传统另有看法，并认为美学的确是哲学的一个极为尴尬的区域。对此，我曾专门写书指出，审美活动，尤其是审美结果的达成是一种没有比较级的自由状态，其真实含义只在哲学解释能力的极限处才有可能显现。[①] 如果说，那本书主要指出为什么美学是关乎自由状态的学说，那么现在这本书就是对这种自由状态的具体说明和阐述，即这种自由状态得以显现的根据，在于现实生活中各种因素的关联。那么，为什么将此叫做哲学的"颜色"呢？因为哲学给人们的印象总是艰涩难懂且枯燥无味，而

---

　　① 孙津:《在哲学的极限处——自由美学论纲》，北京，中国文联出版公司 1988 年版。

之所以如此，其实是哲学自己的毛病，或者说是哲学家们自己的误解。由此，美学的关联形态就好像哲学特有的而且往往只可意会的神态，又恰似哲学刻意为了奖赏自己而涂画的一抹美丽色彩，或者说就是哲学的颜色，恰好可以冲淡或缓解哲学的尴尬。

比如，山路和某个人并没有什么关联，所以它和人的关系的普遍性是开放的，也就是说，具体的关联内容是待定的，包括刻意的和随机的。但是，普遍性之所以是开放的，在于它已经准备了各种生活因素，比如山里生长什么、人是否以及怎样依靠山来生活、走山路比走平地更加困难等。从这个意义上讲，如果有个人走山路很累，那么他和山路的关联就是普遍性的。可是，如果他在山间或山头的某个地方休息时，突然发现由于山路而形成或带来的周遭的风景很美，这种美就是摆脱了山路与人的一般性关联或关联的一般性，从而进入某种特定关联的状态或境况。换句话说，美并不是先在的、固定的、客观的乃至有什么形式规律的，而是由现实生活中各关联因素的生成和变化而产生的，或者说显现的。

当然，我并不打算（而且十有八九也做不到）构建什么思想体系，不过，除了刚才提到的《在哲学的极限处》，确实还有我以前写的另外两本书《哲学的样子》和《哲学的味道》（都是团结出版社 2022 年版），都与现在这本书具有内在的结构关系。相对说来，如果《哲学的样子》可以算是实践的哲学，也就是在现实活动中必然生成而又必须依循的道理；那么《哲学的味道》就是哲学的实践，也就是道理本身在现实活动中运用形态。审美活动本身是一种实践，所以相对说来美学既是对这种实践的认识和阐释，也是相应理论在运用意义上的实践。如果说《在哲学的极限处》指出了历来哲学对美学的束缚，那么《哲学的颜色》就是要将美学从这种束缚中摆脱出来，还给美本来就具有的、真实的自由状态，从而分析阐释作为美学的自由特性的关联形态，也就是现实生活中各种价值参照及其转换变化的形式特征。

不难看出，明白以前那三本书的结构关系，将有助于理解这本书要说的内容含义，甚至是达致这种理解的前提，因为至少这里的有些分析涉及那三本书已经讲过的道理，或者说是以它们为根据的。比如，关联形态是针对美学的自由特性的具体展现而言的，或者说，这些展现就是作为问题的自由美学的各种基本答案。更重要的，也是最关键的在于，前三本书加上这本书都有一个共同的前提和内在联系，就是认为哲学的核心问题不是存在与思维，而是问题与答案，因为存在与思维是对象式的两分法，而问题与答案才是一体化的多种表现。当然，这样讲并不等于否定或摈弃存在与思维的关系的重要性，而是指问题与答案的关系更有可能就是哲学本身的真实含义，至少对这个关系的重视将有助于从事物运行变化的过程角度，认识并说清楚相应的内容、意义以及特征。正是在这个意义上，"关联形态"的状况才可能成为或者体现了包括审美体验和相应研究的整个美学活动的问题与答案。

其实，无论从逻辑还是事实来讲，我们随时随地都处在某种关联之中，也都几乎无法直接达到目的，包括认识对象和完成工作。因此，关联既是我们现实生活的常态，也是现实生活的基本运行机制。当特定的价值参照无须或者超越了关联的普遍性，关联本身就进入了美学状态，或者说显现出具体的审美意蕴。由此，本书在关联的普遍性与价值的特殊性的协同转换意义上，总结归纳出美学关联形态的若干基本概念和核心范畴，分别进行分析阐述。全书各章的标题就是这些主要概念和基本范畴，不过它们的关系并不是固定不变和一一对应的，而是在具有内在联系因素和相互关联形态的意义上，成为问题与答案关系的某种转换形式，即美学活动本身。

整体来说，本书的结构可以分为两大部分。第一章为第一部分，简要说明美学的关联形态的含义，以及由此所标出的美的位置。其后各章为第二部分，从范畴运用的意义上，指出并分析美学关联形态的主要或基本因素。这些因素在表述形式上两两对应（也就是各章的标题），但这只表示它们作为基本范畴运用的时候关系比较近，放在一起表述起来比较方便，实际上所有因素都是相互关联、相互作用的。当然，这些两两对应的表述也就成了美学的基本概念和范畴的运用。

第一章 美的位置

不难理解，关于美的研究至少有三个相互区别的方面，即美学、审美、美。美学指的是一个学科，审美则是某种活动，它们都依据美而成立，或者说才有真实含义。因此，美是一种定义。假定有一种叫作"美"的东西，不管是某种实体、观念还是功能、形式，美就是对这种东西的特有性质的定义。但是，至迟从 20 世纪初的表现主义思潮开始，哲学已经不再在意什么是美或美是什么的话题了。这种情况的一个重要原因当然是它的难度，也就是从来没有人把它说清楚。也许正因为如此，各种美学学说和观点却更加繁盛了，比如移情学派、形式主义美学、精神分析美学、神学美学、现象学美学、自然主义美学、实用主义美学、分析美学、结构主义美学、解释学美学、格式塔心理学美学、符号论美学、法兰克福学派、接受美学等，好像"美学"的存在本身并不需要追究，或者说不成其为问题了。

当然，各种研究或多或少、或明或隐、自觉不自觉都还是有自己对美的看法的。不过，这些看法的真实含义应该是指什么是美，因为定义只能从小说到大，从杂多说到单一。换句话说，"美"比各种各样、也即"杂多"的美的"什么"要"大"，也是作为这些"什么"的共同性质的"单一"。但是，哲学史以及经验一再告诉我们，世间能够用全称判断来给出定义的东西极少，所以给概念下定义是一件极危险的事情。这样讲的根据在于，我们很难用"是什么"的提问方式给某个概念下定义，因为越是周延的全称判断越可能是同义反复；但我们却几乎总能用"什么是"的表述方式来说明既有的问题，因为这不过是作为问题本身自我展开的各种答案。从此意义上讲，"关联形态"就是从"什么是"的角度对于美学问题（主要指美的位置和形态）的说明和表述。

无论从美学史还是从现状来看，什么是美的答案有很多，而美是什么的问法本身就不成立。比如，常识已经告诉我们，说大海是美、姑娘是美、见义勇为是美、团结友爱是美都不错，也都可以理解，但倒过来或反过来就说不通了，或者不完整、难以理解了。因此，我们只能说，而且事实也只能是，在什么情况下以什么方式我们把某种活动及其状态叫作美，或者归为是美的那种类型。这些情况、方式及相应活动的相互关联就是美的位置，而关联形态就是对于这种位置的普遍性或适用域的表述。

很可能，美之难以说明白的原因在美自身。比如，对于美到底是客观存在的还是主观想象的东西就没法定论，这至少因为所有人都承认存在或能够产生美的感受，但所有人对同一个对象或处在同一种境况中所产生的美的感受或体现几乎都不一样。于是，美学史上就又有美在游戏、美在关系、美在依附、美在移情、美在心理等说法。但是，既然美自己不会说话，而且既然是哲学家们在言说美，所以说不清楚的最根本原因肯定在于哲学有误。最基本、也是最大的误解，就是区分出理性和感性，从而把美当成感性方面的事物，而导论提到的哲学的尴尬主要也就在于此。由此，本章先分别说明相互区别的理性和感性的局限，然后再分析阐述作为美的位置的关联形态。

1. 理性失控

所谓理性失控，主要指理性一心想控制感性，但实际上却捉襟见肘，进退失据。理性与感性的区分古已有之，不过人的脑功能、或者说认识能力是否分为理性和感性两种类型并不重要，因为作为分类或使用方式，当然可以假定理性和感性的存在和区别，以便各种言说或做法具有针对性。就哲学的一般看法来讲，这两者最根本的区别，在于感性不能像理性那样形成普遍的、固定的、规范的以及合目的性的概念，所以也就不能像理性那样解释或理解事物的本质，至少是难以清楚地说明这种本质。不过，哲学认为审美活动并不需要这种理性概念，至少在经验层面只需要感性体认就行了。于是，美学就成了研究感性活动的学说。就方法论意义上的类型来讲，这种学科划分是否贴切并不重要，问题在于哲学不仅分出了一个独立的感性领域，而且认为感性比理性低级，所以总要想方设法让理性去管住感性，但实际上却总是在各方面失控。

第一，最根本的理性失控首先来自对美的形而上学态度，也就是无论"美"是什么样的存在，理性都把握不住。这里的两难在于，如果说美是客观存在的，那么不管是实体还是观念，根据都只能是先验的，如果说美是主观的，那么不管是推论还是实证，标准都只能是相对的。不过，先验本身并不是问题，相反甚至只有先验的东西才能用来作为绝对的、最终的以及具有权威性的根据。因此，不仅美学，整个哲学的一个传统就是顽固地寻找先验的本原，中国哲学所谓道、理、气等带有最基本根据含义的概念或范畴，也都具有先验的性质。至于标准的相对性并不是指仁者见仁、智者见智的莫衷一是，而是指美作为形而上学的命题无法进行分析。

上述困难并不是什么新问题，也不局限于美学领域，而是整个哲学历来就存在的事实。不过，既然我们这里谈的是美学方面的事情，所以比较适合用来讨论的话题，就是大致和鲍姆嘉通为美学作为学科命名的同时康德想出的一个办法。这个办法叫作"先验综合判断"，尽管康德提出这个说法并不是或不完全是为了解决美学问题的。在康德那里，理性就是哲学，所以又叫纯粹理性，其特定的研究对象是知识的功能，包括知识的来源以及认识何以可能等内容。粗略地说，康德提出纯粹理性的针对，是批判唯理论和经验论，从而认为人类的知识有两个来源：一个是后天感知的经验，通过人的感官来提供；另一个是给知识带来必然性和普遍性的先天形式和范畴。作为纯粹理性，这两个来源方面都是主观意识，而不是客观存在。因此，感官提供的经验之所以也是知识的来源，在于人类思维中先天就具有的、适用于解释或说明现象界的判断能力。知识如果可能，需要由理性的先天因素给后天经验的感性材料赋予形式。这个认识过程就叫作"先验综合判断"，也即一种具有普遍性、必然性，又能提供真实知识的判断。换句话说，只有既是先验的又是综合的判断才能达到知识。

为了不使理性和感性完全分开或对立，康德又增加了一个认识阶段，叫作"知性"或"知解力"。由此，知识的达到包括感性、知性、理性三个认识阶段，它们分别可以产生相应的知识，也可以不断发展为更加高级的知识。当我们把作为先天直观形式的空间和时间赋予感性质料时，就能够形成各种客观现象，这就是感性阶段，而且也能够产生普遍性知识，比如数学。知性阶段是指一种能够进行分析、综合、推理的认识，这时我们可以在范畴的意义上运用先天思维形式，对已经在感性中形成的现象进行综合统一。不过，尽管这个阶段也能产生相应的知识，比如各种具体的自然科学，但是由于对于现象界的认识并不完整，所以也就永远不可能达到作为本原根据的"物自体"。因此，认识的理性阶段不仅具有更高的层次或级别，而且可以经由知性阶段的具体知识过渡到更加完备的绝对知识，比如从具体的心理学知识上升到关于灵魂的知识、从具体的物理学知识上升到关于宇宙的知识等。

但是，理性在康德那里更像是一种必然性，也就是说，必须假定各种相应的理性概念和范畴，自然界或现象世界才是可以理解的或合理的，而且"先验综合判断"才是可能的。因此，理性与感性不仅仍是分离的，而且它们作为不同认识阶段也都是理性自己的相应形式。这样，即使理性和感性是不同的认识阶段，也无法改变上述两难境况，甚至更加突出：或者仅用感性不能完成审美活动，或者审美活动就是非理性的。

辩证唯物主义的认识论强调由感性认识到理性认识，不断往复，各自离不开对方，但仍然认为理性高于感性。因此，认识方面的唯物主义反映论虽然也指出了观念的反作用，但还是隐隐暗含着理性与感性的区分对待。事实上，各种理性和感性的二分法都没法看到审美活动的整体特征，也就是说，审美并非只是感性的活动，只不过它以自己的方式和需要来使用理性。换句话说，相应的美学如果把审美看成是"感性"阶段或水平的精神活动，它就仍是违背自己所主张的科学性的，或者说是脱离理性掌控的。因此，所谓理性失控，指的就是从理性的角度并不能说明美学，而且理性的哲学也管不住感性的美学，尽管在学科属性及其分类上人们把美学作为哲学的一个部分。

第二，即使理性和感性不是完全分离或对立的，理性的合理性与审美活动的自由特性和要求也是矛盾的。哲学分出理性和感性，并不等于放任感性的独立自为，恰恰相反，理性不仅掌控着判断合理性的特权，而且还在善的意义上规范着道德。由此，审美活动的善恶好坏还是要由理性来决定，所以整体的审美自由也只能根据理性的部分或具体要求来给予。

康德提出并认为，判断力可以调和理性和感性的分歧，或者可以作为连接双方的桥梁。他这样讲的理由主要在于判断力，也就是感性认识里面有部分知性和部分理性那种能力。其实，这种说法完全是他自己人为的建构，而且即使这种情况是真实的，也仍然是指认识的不同阶段，所以结论更应该是各阶段干各阶段的事，无所谓调和或连接与否。退一步说，即使康德在哲学方面调和了经验和理性，但美学并没有做到这一点，或者说美学是否需要这样做也是不清楚的。这样讲的根据在于，由于判断力必须是自足自为的，才可能既不涉及概念又能自由运用、既不计较厉害又能产生快感、既是主观的又具有普遍性，所以美学如果有这种能力就不需要调和或连接经验和理性。因此，严格说来，如果调和或连接真的是康德三大批判的目的的话，那么这种说法本身就是一个矛盾。

看起来，只限于理性不行，仅在普遍形式上讲感性认识对于经验和先验的连接也不够。审美活动总是要有具体内容和情感知觉，也就是为了自由、以自由的方式所达到或形成的自由状态。因此，除了整体的逻辑困难，理性和审美自由的矛盾还突出体现在两个方面：一是屈服于哲学的空想，二是整体的审美被心理学等分析方法割裂。

所谓空想，就是在头脑中构建理论体系，只管逻辑上的合理，不顾现实的经验。比如，康德的"三大批判"就好像是他自己想出来的大房子，那些积木构建也都是按照自己的需要构想出来的。事实上，美学所研究的美是一种学术性的美，也就是理性的美，但它又和一般人所经验到的美也就是感性的美纠缠在一起。感性的美是由理性的说法来表达的，而且几乎总是在某种对比中确定相应的位置和含义，比如美和丑、好看和不好看、完美与缺陷等，而且往往还掺揉了道德因素或含义，比如善与恶、真诚与虚伪等。事实上，人们之所以说要理性地研究美，不仅是出于对哲学的屈服或迷信，而且也是对科学的迷信，就是认为理性才是科学的本质，也才合乎逻辑。但是，把存在着的某种活动或体验叫作"美"，这个状况本身就不是科学，而是各种参照要素的关联形态。

至于方法割裂，指的是一种唯方法论，主要有两种表现。一方面是逃避理性，也就是不管理性还是感性，总之就从某个角度分析问题，不管其余，甚至不顾整体。另一方面同样是认为方法必须科学，或者必须运用科学的方法，甚至认为只有方法才能说明真实状况，所以追求定量、实证、模型、计算，鄙视甚至否定谈论性质或本质，更对形而上学敬而远之。其实，这种情况和把美学当成科学一样，所以也必须有什么科学的方法来支撑，尤其是数学。比如，明明是经验就能够看出的结论，偏要搞一堆所谓的数据，然后把它们装进某个已经被认为是科学准确的模型或公式里面，再计算出结果。

第三，对理性的失望和厌恶，导致理性的被贬低或被放逐，所以也可以说是理性的自我否弃。前面讲的理性和感性是两种认识功能、水平、阶段，而理性之所以高级，并不在于运用概念，而在于合乎道理，能认识本原。但是，本来把对于美的研究叫作感性学就是哲学的一次大退却，也就是潜在地承认了哲学的能力有限。从这个意义上讲，理性的失控还在于理性的被贬低，甚至无须理性，叫作非理性或反理性。就像前面用康德来说明理性不能容纳和把控不了感性一样，用叔本华和尼采来说明非理性或反理性的美学态度也是合适的，这不仅因为他们与美学学科独立的时期离得近，差不多可以作为非理性和反理性美学的开始，尤其因为现在这种态度已经见多不怪了。不过，既然是非理性、甚至反理性，所以把这方面的情况放到下部分的"感性失当"来讲似乎更为恰当。

2. 感性失当

所谓感性失当，就是指用感性学来标识美学，或者说把审美局限在感性领域的做法是缺失正当性的，或者说适用域模糊，针对性偏窄。或许，把美学作为感性学最为人知的论断并不是鲍姆嘉通做出的，而是黑格尔的那句名言，即"美是理念的感性显现"。如果撇开黑格尔的理念是什么含义不谈，那么所谓感性的"失当"主要包括三层含义，一个是说用感性学来表示美学并不准确，另一个是说感性审美实际上难以承担美学所具有的道德要求，还有一个就是所谓非理性和反理性。

先说用感性学来表示美学的不准确。不管中国学者是从西文（德文、英文）还是日文把鲍姆嘉通的感性学翻译成美学的，用"美"来表示一个学科的确是合适的，同时称之为"美"的东西或境况大多也的确都是由感性的方式来体验的。例如，清新的晨曦、愉快的心情、真挚的情感、惆怅的心绪等等，这些都可以称作美，所以把研究这些感受的学科翻译成美学是合适的。但是，这种合适并不准确，因为至少同样无可怀疑的是，对于悲伤、恐惧、滑稽，甚至崇高等感受，大多数人并不认为是美的。换句话说，尽管这些感受都是美学的重要范畴，实际上却只是美学自己在理性地研究它们，而人们对于相应的体验一般都不会用"美"来称呼或标识。比如，某人很喜欢观看某部惊悚电影，电影越是恐怖他看得就越来劲，而且很可能会觉得越刺激、越过瘾，但是几乎很少有人把这些惊悚的感受称之为"美"。

其实，即便是康德，也早已指出了美学作为感性学在这些方面的失当。他在《纯粹理性批判》第一部"先验感性论"的"导言"中说，所谓先验感性论也就是对感性的研究，或者说感性学，包括审美欣赏，但用感性学来表示美学却是不对的，因为经验永远没法替代先验规律。"如今只有德国人用'感性论'这一名词来代表他国人称为的鉴赏批判。这一名称的用法始于卓越的分析家鲍姆嘉通的错误希望，即把对美之批评的评价归结为理性原则之下，把美之规则提高到科学的水平。当然，这种努力是徒劳无益的。问题在于，这些规则或标准的主要来源仅具有经验的性质，因此，它们不能用来确定我们有关鉴赏力的判断应当与之相符合的一定的先验规律。更确切地说，我们的判断倒是这些先验规律之正确性的真正准则。"①

事实上，之所以会出现既合适又不准确的所谓"感性失当"，在于"美"本身的特性，即一种没有比较级的状态。所谓没有比较级，是指某种状态只能这样，不多不少，无从增减，所以这种状态的美也可以叫作"完满"。一方面，只有这样，才会把"美"用来形容或表示某种感受、状态甚至某种东西，也才可能达到各美其美、美美与共的理想境界。但是另一方面，作为一种认识功能，感性的含义大于感受，或者说比具体的感受更为宏观和抽象。因此，真实的审美感受其实也是某种认识的选择过程及结果，并不局限于感性

---

① 《纯粹理性批判》有多种中译本，表述并不完全一致，而且有的（比如蓝公武的）译本半文半白不好阅读，所以此段文字转引自苏联美学家舍斯塔科夫的《美学史纲》，樊莘森等译，上海，上海译文出版社1986年版，第223页。

层面。比如，同一个主题或题材可以有各种表现方式，包括不同的
艺术门类，如绘画、音乐、小说、舞蹈等。同样，即使在相同的艺
术种类中，如油画、国画、水彩画等，表现或处理相同主题或题材
的形式也是多种多样的。所有这些，每一种情况或作品都能够成为
很好的审美对象，也就是都能够达到没有比较级的境界或水平。

再来说感性审美难以承担道德要求。这个问题是显而易见的，
而且看起来答案也是肯定的。但是，这只是从事物的规定性来讲的，
也就是说道德要求和感性审美各有属性，各司其职，否则就没法区
别真、善、美了。但是，历来哲学史或美学史在说这个问题的时候，
其真实含义都是维护美学的自为、或者说审美的独立，所以才排斥
各种所谓外在的因素，从而保持审美的非功利性、甚至非目的性。
因此，尽管这种情况的确是所谓感性失当的重要内容之一，但其答
案并不在于感性审美能否承担道德要求，而在于这个提问的方式本
身就是一个矛盾。

概括地说，感性审美是否需要并能够承担道德要求是一个虚假
的问题，或者说这种提问不符合现实。不仅现实生活中对美的体验
总有道德的因素，理论上真、善、美也很难彻底分属不同的价值取
向。真、善、美当然不是同一个东西，但却能够在感性层面或以直
观的方式得到表现，以及对它们做出反对、认同、欣赏、批评等审
美判断。比如，对于一个对象、现象或一件艺术作品，人们往往给
出的评判因素就是真、善、美，而且既相对区分，又相互关联。一
个人可能欣赏某件艺术作品的形式或技巧，但却对它的真实性表示
怀疑，也可能不认同甚至反对作品所表现出的价值观。所有这些层

面的判断或体验，往往并不是或者也不经过理性的思考和推敲，而是作为整体的审美状态来形成的。

因此，所谓感性难以承担道德要求并不是审美活动不需要道德因素，恰恰相反，正是道德需要与审美特性的一致性，使得感性承担道德要求是一种不得要领的说法。对于这种情况，至少可以从两个主要方面来理解：一方面，由于把道德要求融入或涵盖进审美标准了，从而专门的或独立的道德要求反而成了额外负担，或者说由于这种要求的外在性而难以被审美在感性层面或阶段所接纳。另一方面，道德既可以是某些要求，其本身也可以是某种审美因素，甚至是文学艺术创作的方式方法，所以将它们单独列出来作为对感性审美的要求不仅多余，而且是无的放矢。换句话说，感性审美难以承担道德要求是历来美学史常见的说法，但其实质却是在制造道德和审美之间的矛盾。

最后来说非理性或反理性。由于理性管控不了美学，而感性又过于拘束，于是美学研究就出现，或被迫产生一种做法，就是干脆彻底破除这种理性和感性的纠结，直接诉诸超越理性和感性两者的种种意识性要素，比如本能、冲动、意志、潜意识等大致属于心理学和精神分析的东西。当然，这种超越本身也许是一种另辟蹊径的探索，但其每每显露出的不涉理路、有感而发的特征，表明它其实也是感性的一种极端表现，所以叫作感性失当。不过，一方面由于这种极端表现排斥理性的逻辑特性，另一方面则由于它自己并不甘于处在所谓感性的低级阶段或层次，所以就自我标榜或被主流观点贬斥为非理性甚至反理性。

鲍姆嘉通是 1750 年正式用后来我们翻译为"美学"一词来称呼对感性认识的研究的，就在此后不到半个世纪，对理性的失望和厌恶就由叔本华明确无误地表达出来，而且还把他自己的一套说辞搭建成为"一个思想体系"，说非用大部头著作没法表述清楚。[①]在叔本华看来，感性、知性、自我意识、理性都是我们得以认识客体的根据，但不管哪种根据，所表明的都是客体或者整个世界都要依人的认识状况来决定其存在，并且就在人的认识中才能存在。这是所谓作为意志和表象的世界的逻辑起点，也是最终的结论。

但是，感性、知性、自我意识以及理性并不是认识的不同方式或阶段，而统统是人和动物以及自然界都具有的某种意志的客观化表现。因此，不仅理性，所有认识都不过是作为意志客观化的世界的表象，而且是碎片化的表象，各方各执一点。最为糟糕的是理性认识，因为它看起来是认识的最高级形式或阶段，其实是自以为是，处处谬误。只有艺术，有可能摆脱这种悲惨境况，因为艺术本身以理性为来源，是美学性的纯粹观照，所以才能超越理性，达到非理性。然而这种观照之所以纯粹，在于人可以沉浸其中而不管现实如何，同时也能超脱意志和表象的各种根据。不过，叔本华的意思肯定不是中国古代美学所谓的物我两忘境界，因为他明确说这种纯粹性就是自我的丧失，从而才有可能达致或把握本质、真理之类的形而上学。因此，毫不奇怪的是，艺术这种非理性的活动本身也是非

---

① ［德］叔本华：《作为意志和表象的世界》，石冲白译，北京，商务印书馆 1982 年版，第 1 页"第一版序"。

现实的，不仅主体只能丧失自我才能进入艺术，而且为了不至于重又落入现实，最好是放弃性欲，坦然接受痛苦，直至死亡灭寂。①

如果说，叔本华用所谓思想体系的方式宣告了非理性和反理性的合理性，那么又过了不到半个世纪，尼采干脆用既无须体系、更不讲理性的象征方式，彻底排除了理性在美学以及文艺创作方面的位置。在这方面，他最为著名的理论也许就是用古希腊神话的日神和酒神来说明艺术的来源和本质。这两位神祇其实都是人最深处的本能冲动，日神借用外界的幻觉来肯定人的自我，酒神则是人的自我否定，从而可以使自己再次回归现实。这种本能冲动的说法的确和弗洛伊德所谓生的本能和死的本能很相似，不过尼采说这些象征的话更多是用来表达艺术创作和欣赏的特性，而其鄙视和驱逐的直接针对和对象，就是理性。有了日神和酒神，不仅艺术成了生命的最高使命和形而上学，而且人以及他的世界才能作为审美现象，使自己的存在显得具有充分理由。②

和叔本华一样，尼采也不认为现实的世界有什么值得留恋的，因为它不仅不真实，而且其状态和境况完全取决于作为生命本体的超强意志力。不同的是，尼采没有止步于消极的听天由命，而是认为只有在审美游戏的自娱自乐中才能得到快乐。这也可以说是另一种逃避，所以尼采称之为"形而上的慰藉"，但如果不停地进行这

---

① ［德］叔本华：《作为意志和表象的世界》，石冲白译，北京，商务印书馆 1982年版，第 249-250、274-275 页。

② ［德］尼采：《悲剧的诞生——尼采美学文选》，周国平译，北京，三联书店1986 年版，第 104-105、6-7 页。

种游戏，持续地获得这种慰藉，生命也就得到了肯定。比较起来，尽管人生、甚至世界都是悲剧性的，但这恰恰是审美的要义和作用所在，理性在这里不仅多余，而且有害，因为理性和科学都是锱铢计较的功利主义。因此，真正值得赞美的，而且幸好我们还存有的那些东西，应该就是生命本体的意志力以及对艺术的投入热情。①

3. 关联形态

之所以用"关联"这个词的一个重要原因，在于从两个方面与"关系"区别开来。其一，关系作为名词尽管可以表示主观性的动作或活动，但更多的是指一种客观存在的状况，而且相对固定，包括功能、机制等要素。关联尽管在概念的意义上讲也是名词，但在实际使用，尤其是作为范畴来使用的时候，表示的却是动词意义上的某种相互作用或影响。因此，关联包含关系，而且即使没有固定的或已有的关系，也可以在互动中结成某种变化的或新生的关系。

另外一个区别是从美学史来讲的，即狄德罗确实提出过美在关系说，意思是在各种关系中，美只是关系到主体（也就是"我"）的美。因此，即使美是客观的存在，比如各种东西的比例、色彩等要素，或者所有东西都作为对象构成不同事物之间的关系，都与美

---

① ［德］尼采：《悲剧的诞生——尼采美学文选》，周国平译，北京，三联书店1986年版，第28-29页。

的真实性无关，只有这些因素与人构成某种关系，才可能成为美。根据这个思路，美又可以分为绝对美和相对美、实在的美和见到的美两种类型。显然，所有这些说法的意义都在于"关系"，而恰恰在这里狄德罗并没有说明什么关系以及怎样就变成了或产生了美。如果说人的美感来自关系到他的某些比例、形状等形式以及愉悦、感动等体验，那么就等于说美关系到了美，只不过前者与被关系到的人无关。这也许不是同义反复，但"关系"却很可能被悬置起来了，或者说把它的含义及其作用弄得模糊不清了。

从动词的意义来讲，关联可以看作是人的实践，不过不是指这样或那样的具体实践，而是实践本身。因此，美不是对象，也无所谓客观和主观，而是一种关联境况，即为着自由并以自由的方式所表达的一种自由状态。换句话说，美学的关联形态所表示的是一种普遍性的价值参照，所以无须纠缠美是否客观以及有没有独自存在的美自身。不管是否清楚认识到，所有的实践都有其目的，所以实践本身是自觉的行为。在此意义上讲，各种实践随时随处都包含三个相互关联的因素：一个是由意志和行为来体现的真实的人；一个是由目的和对象构成的时空状态；另一是活动方式、方法或机制。简括地说，这三个因素就是人、世、间，而它们各自价值参照的特征化体现就是美学的关联形态，因为只有既不局限某个价值参照，又不缺失合适或协调的秩序特征，才可能是完满的或没有比较级的自由状态。

从字面上看，"人世间"这个词包含多重意思，比如人在世间、人和世之间、人世的空间、各自独立的人世间等。之所以会有这种情况，在于它就是人的实践伦理本体形态的特性，即存在或活动的某种状态、关系、功能、作用。显然，这种本体形态是一个变动不居的整体结构，而"人世间"作为相对区分或独立的单元，应该具有各自的伦理位置及相应功能。实践是人的活动，所以具有原发性的动力；而实践必然具有或需要相应的时空，但这种时空并不是对象性的独自存在，而是要能够为活动提供所需的能量，或者说能够维持实践本身的原发动力；在这种情况下，各方和各种要素之间的关系，以及对它们的处理不可能是完全随意的，也就是必然采取机制的方式。由此，作为实践伦理的本体形态，"人世间"中的"人"主要起原发动力的作用，"世"主要起提供能量的作用，"间"主要起运作机制的作用。

作为原本就是的东西，也就是从本体论角度来讲，关联形态是一个复杂的整体，它在终极根据的意义上应该是包罗万象的。这个整体就是"人世间"。"人"就是人类这个物种，"世"是由各种东西的作用构成的世界，"间"是所有活动得以运行的机制性直接或间接方式。"人世间"的这种存在虽然包括各种物体，但其本体意义却在于一种状态、一种情形、一种境况。之所以说"在于"，因为说"是"是危险的，真实的情况应该是"在于"。从发生的角度讲，"人"是动力，"世"是能量，"间"是机制，但这种区分也只是相对的，因为在运行中它们的位置和作用是变化的。比如"人"既是实践主体，也是"世"或"世"的构成部分；又比如，"间"提供了活动整体的场域，却也划分了各部分的界限。因此，关联形态的本体存在既不是一分为二，也不是庞朴先生所说的一分为三，或波普尔的三个世界，而是作为一个活动整体的"人世间"。各方面都没有最小单位，但却可能有最简单位，所以美才是没有比较级的。不过，为了表述方便，还是可以分别说明"人世间"在美的位置中的关联方面及相应作用。

第一，先说作为原发动力的"人"，或者说从"人"的角度来看它与"世"和"间"的关联形态。

对"人"的理解有很多看法，不过无论从哲学史还是从现状来看，最为主要的和较为对立的情况有两种，即抽象的人和具体的人。比如，主张人性和人权的看法所依据的，就是抽象的人，否则具体的人就不可能有一样的性质和权利。但是，如果没有神或超人的话，所有人都具有的人性，以及对所有人都是平等的或一样的所谓权利又是从哪里来的呢？因此，对于这种抽象的人的唯一解释，就在于它本身就是一种原发动力。换句话说，尽管这种动力可以，而且往往就是由具体的人来体现或承载，但却只有在独立于具体的人的抽象意义上才是可理解的和真实的。比如，即使承认存在人性，对人性也有各种理解。但是如果人性是普遍的，那么它的存在应该是与动物相区别才有真实含义的，否则就无从把握。由此，可以认为人性就是一个字——贪，因为动物不贪。这个"贪"字就是抽象的性质或特性。以此类推，人权也就是按同样的逻辑或方式造出来的抽象要求，甚至用它来为自己明知不道德的行为辩护，比如即使明知是贪，却又惧怕贪的真相被暴露出来或让别人知道，甚至还要抱怨贪的不均、危险性大小等。

无论抽象的还是具体的人，所谓从动力出发的意思都是指"人"

使得"世"和"间"成为有意义的存在。原发动力当然要有相应的支撑材料或物质能量才能工作，就像发动机要烧汽油一样，但汽油本身并不是动力。因此，如果说太阳是地球上所有生物包括人的生存的物质能量，那么人就是万物现象及其活动的精神动力，或者说精神本身的动力。能量是自然存在的和供别的情况使用的，而动力则是由某种东西自身给出的，也就是原发性的。因此，人是精神的动力，而实践则是为这种动力提供支持并得以体现或实现的能量。之所以这样讲，在于只有人才具有并达致"知道"。比如，人的所有能量都来自太阳，但这种情况只有人自己"知道"，其他东西、包括太阳都不"知道"。

所谓精神动力的说法并不是比喻或利用自然科学，而是人自己实践的真实状况，也就是说，人就是自己的太阳。太阳里的核聚变产生光子，它的速度极快，从太阳的中心到达表面只需用两秒钟。但是，光子一旦启动就不断地遭遇到各种粒子的阻挡，所以这两秒钟的距离实际上需要花上几十甚至上百万年，然后才能照到我们。这些情况都是自然的，但也都是偶然的，对地球上的事情的"意义"并无影响，也就是说，地球接收到光这种情况的"有"就是，而且也才是地球上的有。比如，地球接受从太阳射过来的可见光既不必管它走了多长时间，也不用顾忌它曾经的形态是伽马射线、X射线还是别的什么光，只要确定是万物生长所依靠的"太阳光"就行。

因此，宇宙的实际状况及其作用应该是随机的，即便没有所谓多重宇宙也是如此。但是，这样一来沟通就成了困难，因为不同的状况依据的是各自的道理。显然，在所有生命体或物种中，最具能动性并起着意识作用的是人，于是人才在事实上成为地球的大脑。然而正因为如此，至少从逻辑上讲人的审美活动也是随机的，相应地，美的"位置"确定只在于其自身的道理。换句话说，美的位置其实在于某种"态度"，但它也有自己的道理，而其核心的含义就在于以什么样的关联形态赋予地球、甚至宇宙以意义。

没有人，一切都没有意义。人努力了解自然，就作为原发动力去探索所谓客观规律，但这不仅仅是出于好奇，更重要的是要利用自然和客观规律为自己服务。因此，这里的"人"尽管是一种物种，但其意义应该指这个物种所独有的特质，即自由意识。显然，自由意识是某种状态，所以这种"人"不是指具体的个人，而是指整个文明水平，也就是有完全行为能力的人所具有并随时运用着的自由意识。至于人是如何具有自由意识这种能力的，或者千百万年怎么进化的，都是另一个问题。同理，小孩如何成长、自由意识如何才算所谓成熟等也都是另一种问题，与自由意识本身无关。然而正因为如此，具体的、不同的人的自由意识只有处于某种关联形态中，才可能达成或释放各自的自由意识，并形成整体的自由意识合力。这种情况可以看作是关联形态的普遍特征，而从各具体状况都没有比较级来讲，这个特征所标识的就是美的位置。

就审美的针对性来讲，美的位置和人的某种"信念"具有关联形态的一致性，即没有比较级的自我满足或完善。因此，与自然共生可以，而且必须，所以今天人们才担心自然被自己弄"坏了"。在此意义上讲，前述所谓非理性的理论学说其实是贴近现实的，因为它希望、而且也可能帮助审美的自由实现。

其实，大自然本身从来就没有什么平衡与否的问题，全看某种状况是否适合人的要求。相反，已知的宇宙知识表明，人类需要的地球平衡时期极短，而且极为特殊，所以才是真正的不平衡。比如，大象、天鹅、熊猫、麋鹿等等，这些物种也许就该被淘汰，而且也没有根据说没有了它们地球就怎么不平衡了。人从不墨守既定格局，也不遵循任何规律，所以人只是把动物和环境当作可供利用的"世"。现在所谓环境伦理、生物多样性等说法，其实还是为了人自己。

但是，正因为探索是人的本性，所以人又把"间"当成行动的方式方法。正是这种以人为原发动力和行动指归的情况，不仅提供了美的位置，而且使这种位置具有了某种否定特征，也即总是以变化的方式组合各种关联形态，从而产生出自身没有比较级的相应体验。比如，艺术之所以能够反映社会、政治、民族的性格特征，就在于它是人用由内到外的表现或展现自己的方式来使用关联形态，而不是就对象本身的样子来做科学的表达或说明。因此，艺术和审美的关联形态既不是静止不动的，甚至也不是和谐平衡的，而是随时随处准备成为下一个或另一个关联形态的瞬间。事实上，这种情况也是审美体验不同于认识过程和一般所谓精神活动的本质或关键所在。

第二，再来说作为提供能量的"世"，或者说从"世"的角度来看它与"人"和"间"的关联形态。

一般说来，"世"差不多就是时空，也就是人待的地方。但是，这种"世"的存在特性一直以来就是有争议的。比如，它可能是独立的存在，也就是占有时空的宇宙或世界，人和各种生物可以待在里面生长活动，但也可以是某种对象性的存在，既可以供世间万物待在里面，也可以是被动地供人选择的对象，比如认识、利用、改造等行为的对象。这两种情况都是可能的，历来哲学史也是这样来理解"世"的，包括唯心主义和唯物主义以及其他什么主义的立场或观点。

不过，之所以说世"差不多"是时空，而不说它就是时空，在于世不能只是单纯的时空。单纯的时空（如果存在这种时空的话）可以供人待在里面，也可以作为人的行为对象，但如果要成为"世"，还必须既能够沟通或连接"人"和"间"，又能使二者与"世"相互作用。沟通或连接"人"和"间"，就是使人有个方式或途径去认识和运用某种方法，而相互作用，就是指所处时空及其既有或生成的各种要素对于人的方法运用的制约，以及方法运用对各种要素的重组甚至创造。显然，为了满足这种复杂的条件和情况，或者说能够达成这种关联形态，"世"就必须具有某种使各种因素活动或运行起来的能力。这个能力就是能量，而所谓从能量出发来看问题，就是指"世"不仅以其存在而使人的行为得以达成，而且还为"间"的实际运用提供规制条件。

因此，无论从物质时空还是从条件对象来讲，"世"都不纯粹是所谓客观的存在，而是不仅把人也作为自己的构成部分，而且尤其受到作为原发动力的人的影响。如果说，人作为"世"的构成部分也是一种客观存在，那么人的影响或作用则不仅仅指作为原发动力运用结果的物质存在或状态，更重要的是指这种原发动力的精神特性，也就是人特有的自由意识的发动和指挥作用。正是人的精神性作用的参与，使得并表明"世"在形态上可以是客观存在，或者说包括客观存在，但它不是各种自然、物件、生命，而是这些东西的能量，也就是它们对人能够进行自由意识所起到的作用。

因此，"世"作为关联形态，提供的是客观的、主观的、自立的、依存的、关系的、移情的等各种使美得以成立的条件。这些条件同时也就是审美内容的形式特征，并能够容纳复杂的、甚至相反的审美内容。比如，一方面，美必须是客观的，因为如果没有客观的或一样的标准，人们就不可能对同一个对象产生同样的审美判断或体验；然而另一方面，同一个对象的确可以产生或引起不同的审美判断或体验。之所以存在这些看似矛盾的情况，其实是因为美也要经由或作为"世"才能存在，或者说才能作为标准进入审美活动。

比如，对于女性的美就有某种差不多是的一致看法或标准，否则一般意义上的或者说公认的美女就不存在或不可能成立。但是，这里之所以说"差不多"并不是指不能涵盖各种情况，而是因为存在相反的判断，也就是总有人对公认的美女无感，甚至认为不好看。看起来，似乎正是这种差不多表明，没有一致的审美标准。不过仔细分析便不难发现，如果这里所谓的不一致是指多种标准，那么就"标准"本身来讲仍然是一致的。因此，不一致并不是标准本身，而是分类的根据不同。比如，假设《红楼梦》里的焦大真的不爱林妹妹，那并不是因为林妹妹不好看，而是焦大另有考虑，甚至根本就把对林妹妹进行审美作为一种奢望而"提前"排除了。事实上，正是"世"的关联形态决定并提供了多种可能的混合，即动机、目的、利益、身份、学识、习惯、道德等几乎所有具有自身含义的东西不仅都影响着审美活动的状况，而且都可以成为审美标准。因此，审美活动本身也从来就不是所谓纯粹的游戏形式。

经验告诉我们，就大多数人都可能认同某个对象或情况是美的这种情况来讲，一致的审美标准是存在的，而且这些标准几乎是绝对的、普遍适用的，但也是各种各样的。每一种标准就其作为标准来讲，是也只能是一致的，但是，当他们进入审美活动的时候却可能、甚至往往就是需要某些其他因素才可能是真实的，或者说才能达成具体的审美体验。比如，人总有不同的经历，包括生活的、从政的、做学问的、种地的等各种经历，他们不仅就是每个人的"世"的重要构成，而且是不同审美标准形成的主要根据。因此，"世"在此就以其与"人"和"间"的关联形态，提供并承载着审美的具体内容。不同经历（以及其他因素）与审美标准的关联形态表明，真实的审美总是一致的标准和不同的标准同时并存，在粗略的意义上也可以说一般的标准和特殊的标准同时并存，而且混合运用。这种情况只是看起来矛盾，其实恰恰是"世"的关联常态，也即总是有选择地突出什么、隐去什么，强调什么、回避什么。

第三，最后来说作为运作机制的"间"，或者说从"间"的角度来看它与"人"和"世"的关联形态。

综上不难理解，"人"和"世"虽然各有自己的位置，但这种位置、包括各自的内容和形式都是不断变化的。既然有变化，那么不管变化的方式和种类有多少，变化本身总应该有某种普遍的运作方式，也就是一般所谓的规律。这种方式或规律就是机制，其主要含义，就是指可以像机器一样精准和可重复运行。有了相应的机制，就能够使人和世得以在保持各自位置的前提下，以及在可以相互理解的意义上进行运化和操作。但是，机制之所以具有这样的功能，并不在于它是一件外在于人和世的工具，而在于作为由人和世构成的机器整体的各部件之间的间隙。所谓"间"，就是这个意思。不仅机器的各部件有适当的间隙，机器在作为机制运行的时候也与人和世保持并不断调节相应的间隙。没有或缺失这个间，机器就会转不动，或者各部件太松了，所以虽然转起来但没用，不做功，或者各部件太紧了，虽然能转起来，也做功，但很快就磨坏了、烧了。

无论"人"或"世"，他（它）们总是一刻不停地处在某种活动状态，所以他（它）们也是、并只能依靠"间"才得以运行不止，生生不息的。不过相对说来，"运行"这个词似乎带有机械的、无目的的、自然的等所谓"客观"特征，所以这里还是用"运作"来表示"间"的机制作用，以显示它与"人"和"世"的关联性质及形态特征。一方面，"间"本身就是运作机制，而且是专门针对"人"的活动和"世"的存在而起作用的；另一方面，"间"作为"人"和"世"的各种关联的形态特征，使审美得以在普遍意义上成为可理解的活动，尤其是形成某种下意识的习惯，仿佛只需、并且最好在感性层面就达成或实现审美体验。

从实践的角度讲，机制往往就体现为各种制度，所以相应的"间"就是各种行为的关联。换句话说，经由制度，各种角色的相应行为和责任都遵从一定的规则，包括成文的和不成文的，所以是制度功能和"间"的位置或结构共同构成了动态的机制。正如人们一般都认同的那样，"制度领域中最重要的规则，通常是为其现有各种角色指定适当的行为和责任"。① 但是，这并不等于机制运作与人的愿望和世的状况总是一致的，相反，总体来讲应该是不一致的，否则"间"就是僵化的或没有意义的。比如，我们一直都是对象性地要求自然界，然而正因为如此，所谓人和地球一体的说法的伦理性质，其实在于人是地球的大脑。生态污染就是这个大脑作用的结果之一，也是伦理的否定特性的真实状态之一。既然人作为地球的大脑来活动，那么各种"保护"和"发展"就都是活动的形态和结果，所以这些形态和结果的不一致是不难理解的。人总是谋求改变自然，事实上也一直在这样做，并卓有成效，否则人就不是人了。在此意义上讲，自然历来就是、今天尤其是被人改变着的自然。

由于上述的不一致，使得"间"又具有调节的含义或作用，而各种调节既可以生成审美体验，也可以本身就是审美活动。从美学史来看，如果审美真的是不带功利的游戏，或者说是纯粹的形式游戏，那么这只能是指相应运作机制的功能所具有的"间"的特征，或者说机制运作的关联形态。因此，在感性层面获得审美体验或满足并不是逃避现实或矛盾；恰恰相反，是关联形态本身具有的审美条件和体验功能，可以使人几乎不假思索地做出相应的审美选择，

---

① ［美］马克·格兰诺维特：《社会与经济》，王水雄、罗家德译，北京，中信出版集团2019年版，第284页。

也就是在各种运作机制的关联处生出某种新的、具有相对独立的内容和形式的感受。

比如，如果在非常饥饿但还有很漫长且很难走的路要赶的时候，面对再优美的自然风景也很难有心情欣赏，这时运作机制的作用主要是物质性的，而且能够调节的"间"的幅度和方式也很有限。又比如，无论是否饥饿，也就是在任何情况下，面对一幅表现重大历史事件或道德倾向很明显的画作时，决定能否达致没有比较级的美感的各主要因素中，政治或道德倾向显然大于或优先于其他（比如构图、色彩等技法）因素。换句话说，这时候的欣赏所侧重的运作机制不仅是精神性的，而且与这种机制相关联的决定性因素是既有的主流政治意识或道德观念。在这两种情况中，不管物质的还是精神的机制因素都是现实的和真实的，也就是都无法躲避什么约束或回避什么矛盾；恰恰相反，这些不同的情况所表明的，是各种机制因素都可以相对独立地调节各自的"间"，并产生相应的审美体验。

以上分别从"人""世""间"各方自身的特性，以及它们的关系，讨论了"关联形态"的含义、结构和基本运行机制。就它们共同的美学性质来讲，主要是一些看似矛盾的包容状况，比如非目的性的目的、非对象性的对象、不可复制的可操作性、判断根据与判断的相互独立等。由此，以下各章的内容大体上就是分别讨论分析这种美学性质的不同状况，也就是所谓美学关联形态的各种主要功能及其展示或体现。

4. 小结

从"有"的意义来讲，美是真实地普遍存在着的，而历来哲学关于美的限定则过于狭窄。尽管不能说美是某种存在物，但却是各种关联形态的普遍特征，所以也可以算作一种类型的存在本身。历来将美学作为哲学的一个部分，是从理性的高级认识地位和逻辑权威来说的，而将美学作为感性学的说法则是哲学本身胆怯的"鸵鸟政策"，即一方面自知能力有限，另一方面则死要面子。这两种传统，也就是理性掌管或统辖着感性和美学只关乎感性的说法都不准确、不全面，也不真实。因此，所谓美的位置，就是指审美活动的无处不在，它们或者就包含着美的因素，或者具体地体现为各相应因素的关联形态。

无论是作为关联形态特征的美本身，还是各具内容和形式的审美活动，它们的普遍特征就是关联本身所具有的超越各种局限的参照特性，即万物存在和各种活动的构成因素之间的相互影响和作用。对于美来讲，能够产生审美活动的构成因素至少包括三个方面，即人、世、间，而它们的关联形态就构成或提供了美的存在位置。

在动词的意义上，关联是人的实践本身，因为只有在实践中各种存在和活动因素才是相互关联的。在这种关联中，相对来说，"人"是原发性动力，生出审美需求和相应态度；"世"是存在结构和功能载体，承载具体的审美内容和形式；"间"是运化审美活动的操作机制，从而确定具体的审美含义和价值。这三者的相互作用和影响一方面体现为各种存在和活动因素的关联形态；另一方面也就提供和标识了美的位置，并由此生发和展示出具体的审美体验及其意义。

　　审美活动的自由实现性质和特征表明，处于某种关系中的各方的定性存在，都是由所有各方的相互影响和相互作用决定的，而这也就是美学关联形态的普遍的哲学意义。反过来说，每当互为定性存在的情况产生时，这种情况就具有了美学的关联特征，或者说，美就出现了。以下各章节的内容，将继续从不同的角度或方面印证和说明美学的关联形态以及相应的普遍哲学意义。

第二章　想象与现实

　　想象与现实并不是一对矛盾，而是人最常面对的情况或见到的现象，甚至可以说，想象与现实是人身处其中的最为正常的两种境况。正因为如此，想象与现实的关系才有可能为审美提供最广阔的、也是最有针对性的活动领域。前面说过，实践只能是人的实践，这里进一步指出，实践并不仅是看得见的行动，而且是由想象与现实构成的状况。正是这种构成过程的关联形态，使得想象与现实成为一对重要的美学范畴，而且粗略地说，想象是问题，现实是答案。

　　想象的意思似乎很好理解，不管是从心理的、生理的还是哲学的、文学的等各种角度讲，总之有一点是共同的，即想象是人脑袋的功能产物。于是，想象的成立可以只凭主观意愿或喜好就行，不必考虑现实中是否有相应的事情或状况，更不必顾及想象出来的东西是否合乎逻辑。如果事情真是这样，那么想象反而离不开现实了，否则想象将失去真实含义，至少是成为怎么理解或解释都可以的东西了。这种无法分离的关系，就是想象与现实的关联形态，即任何想象都是以现实的参照而成立的，而任何现实都可以作为想象的实现（也就是问题的答案）而超越具体现实的局限。这种超越，就是没有比较级的自由状态，所以说是审美性质的活动或关联形态。

不过，这里的现实也是从经验层面来说的，这并不是说那些微观世界不是现实，而是因为它们对于美学来讲毕竟很难把握。面对微观世界的图像，比如 DNA 图谱，也许可以引起审美感觉或体验，但"图谱"已经不是作为构成 DNA 这个微观世界的最小单位了。换句话说，即使微观世界（比如原子水平）的单位体的形状很美，通过显微镜等精密仪器也能够看见，审美活动依然很难、甚至不可能把微观世界的东西当成审美对象。在这个意义上，与想象相对的现实是针对大分子结构的可视世界、实体形态的物质、有所作用和反映的行为，以及能够感知和认识的精神活动来讲的。正是针对或参照这种现实，想象和现实的关联形态才可能构成一种审美体系。

显然，想象无处不在，而且其内容可以是任何东西；现实则无所不包，举凡能够听到的、看见的、触摸的、闻到的、感受的、甚至想象的一切东西都是现实。因此，想象与现实的关联形态也是繁杂多样的，我们几乎没有办法一一分析它们的各种关联形态的美学含义和特征。不过，如果说成为或涉及审美的关联因素可以构成或算作一种体系，那么其中最为普遍常见也最为特征突出的因素应该就是情感了，因为情感能够"打动"人。这样讲的意思并不在于把情感当作唯一的或最重要的审美因素，而是从审美活动总是具有、需要或伴随着某种程度上的被打动、被感染等情感特征的角度，将情感作为想象与现实关联形态的各种美学因素的典型特征。

由上，本章的讨论主要包括三个方面：其一，在想象与现实的关联形态体系中，情感因素具有基础的作用，或者是使得想象和现实得以作为审美因素相关联的途径或纽带。其二，在这个基础上，想象与现实的审美关联也有相应的一般方式。其三，这种基础和方式表明，由想象与现实的关联所启动了的审美活动，具有或者能够达致超越存在的美学意义。

1. 情感的外溢

经验告诉我们，人进入审美状态的时候总是伴随或产生某些情感活动，所以把情感作为基本的审美因素或条件是不难理解的，也是合乎现实的。但是，情感本身不过是人固有的功能，而且所有人都有情感，甚至有残疾或残障的人也有他自己的情感，尽管在别人或正常人看来那些情感可能有些难以理解甚至奇怪。因此，生活中人人都有情感只是一种正常的情况，但这还不能说就进入了审美活动，换句话说，有情感并不等于一定会产生或形成审美活动。至少从逻辑上讲，前述这种情况表明，能够产生或形成审美活动的情感一定是另一种情感，也就是与既有的情感相比多出某些"内容"的情感。

由上，所谓情感的"外溢"包括两层含义：一是指能够让生出某种情感的人和其他人都能感受或知道这种情感；二是从具体的情感抽象独立出来的情感本身，从而使得它能够作为审美因素和手段来运用。如果从类型上讲，情感也分好多种，比如兄弟情、姐妹情、朋友情、阶级情、爱情、人情，甚至由各种利益关系产生的感情等。不过对于审美来讲，不管既有的是哪一种或哪几种感情，从它们那里多出来的内容是什么并不重要，关键是参与审美的情感一定是"多出"来的，也就是以某种方式得以相对独立的情感。这种方式的形式特征，就是"外溢"，也就是既有的情感或情感状态发生了某种变化，生发出了具有新的内容或含义的情感，从而为把情感本身当作审美因素来运作提供了可能或条件。

比如，情人或友人分别，依依不舍甚至悲悲切切是很正常的情感，尤其在交通不便或事情艰险（比如上战场打仗）的时候更是如此，也就是此一别不知何时能再见。显然，不仅这种正常的情感不会自动成为审美活动，处在这种情感当中的人尤其不可能认为自己是在审美。但是，历来抒发离别惆怅的文学作品却数不胜数，比如"孤帆远影碧空尽，唯见长江天际流"（李白《黄鹤楼送孟浩然之广陵》）、"劝君更尽一杯酒，西出阳关无故人"（唐·王维《送元二使安西》）等更是千古佳句，绵延流长。这种看似矛盾的情况，就在于诗中的情感已经生成审美的独立性和针对性因素了，也就是由"离别"这个一般行为中抽象出相应的或伴随的"情感"。从这个情感可以被独立运作或使用（比如写诗、作曲）来讲，它就是外溢出来的某种可供审美的情感内容和形式，而且其他人或者亲历者事后也才能针对或借用这种情感内容和形式，并根据自己的理解和感受进行审美。比如同样是送别，"桃花潭水深千尺，不及汪伦送我情"（李白《赠汪伦》）的情感欢快，而"风萧萧兮易水寒，壮士一去兮不复还"（《易水歌》）的情感则悲怆。

事实上，情感之所以能够"外溢"出来被独立使用，在于情感既可以是想象出来的，也可以就是一种现实。从内容上看，想象和现实各自都可能生出相应的情感，从而从形式上讲，想象和现实也就各有各的情感形态。因此，我们可以把情感看成想象与现实的纽带或桥梁。一般来说，所有的精神活动都是对象性的和过程性的，也就是都有目标、计划、预期、结果等阶段，唯有具有精神活动性质的情感可以超出这种状况，使自己成为非对象性和非过程性的精神因素。正是在这个意义上，作为相对独立的审美因素的想象并不是有目的的意识或意愿，但也不是变幻不定的幻想，而是情感的外溢形式。这种外溢是天生的和自然而然的，而且一旦生发就不可阻挡，致使外溢这种状态本身就构成一种现实。现实的情感外溢作为审美活动可以有很多方式，包括沉思，不过多数时候或更具特征的是以文学艺术作品的形式或自然景色的状态来激起或触发人的某种情感，也就是所谓打动人心。

情感之所以能够打动人心，恰恰在于情感得以相对独立的特性，即非目的性的结果。不管叫作精神活动还是认识过程或者脑力劳动，人们只要一动脑筋，也就是稍微有目的或目标的思考，哪怕这种目的或目标并不明显甚至并没有自觉意识到，就总是希望并确实会有某个或某些"结论"或"结果"。比如，通过学习相关的知识知道玻璃杯的制作，通过某些公式和计算测出了两山之间的高差和距离，看到乌云堆积和大风就凭经验想到要下雨了。这些活动从需要思考来讲都可以算作精神活动，至少主要以精神活动为特征，而它们共同的一点就是都需要做相应的"判断"。实际上，这种有目的或目标的精神活动就是由一连串的判断组成的，从而可以得出相应的结论或结果，也就是"知道"了什么。

然而，这一切因素对于情感来说都不需要，因为情感可以有产生的对象和载体，但并不需要有目的的结果，它自己就是结果。比如，看见或认识某个美人而产生爱慕之情，听闻或经历某个人的死亡而产生悲痛之情，面对饥寒贫病的惨状产生怜悯之情，所有这些都不是预期的结果，也不需要作为结果才是真实的和具有意义的。换句话说，情感的产生可以而且往往是有原因的，但情感却不是这些原因的结果，因为情感虽然可以作为一种精神活动，但它不需要、实际上往往也没有"事先"的目的或目标，甚至连相应的意愿和想法也没有。比如上述所谓爱慕、悲痛等情感，尽管可以有爱慕和悲痛的对象，也可以通过这些情感更加了解这些对象，但这些因素对于爱慕和悲痛本身作为情感的成立都不是必需的，甚至也完全谈不上这些情感是否被"知道"了。在此意义上讲，情感本身就是自在、自为、自足的，正因为如此，情感就比其他所有的精神因素更加纯粹，所以也就更容易与其他的（包括后来的、别人的等）情感相沟通。也就是说，正是情感的这种独立性，使得它能够抛开一切目的或目标，以及对象性的结论或结果，直接触及人心。

因此，情感外溢的相对独立性不仅在于把情感本身当作审美因素来运作，还在于正是由于这种外溢，历史才能够作为当下的现实被运用或具有意义。这种情况当然包括对同一个对象（事件、观点等）的不同认识或看法，不过就作为审美因素来讲，还在于对象本身就具有多种情感内容和倾向，即使某件事实只有一种解释或可能。无论什么时候，真实的现实总归要成为历史，但某个现实所具有的情感内容和倾向却不受这种时间限制，它们就像自动从其承载物（也就是事实、现实、事件等确实发生过的状况）中外溢出来了。不仅如此，这种外溢的形式还在很大程度上制约或决定了情感的内容。比如，文字表述可以较为准确地指出并表达某种情感，而视觉造型中的情感内容就不那么容易准确表达，更多要依靠观者的体认和发挥。如果是沉思尔后相互交流，那么外溢的情感内容可能汪洋恣肆、难以理解，但同样也能获得相应的审美体验。

当然，情感的相对独立作用绝不意味着情感本身的本原性，也就是说，情感作为精神范畴或精神性的活动并不具有物质的或实体的存在性质。不过，对于审美活动的发起、运作、甚至载体方式来讲，情感的确具有所谓灵魂的作用。按照恩格斯的说法，远古时代的人完全不知道自己的身体构造，所以把梦中见到的人及其活动看作是另一个世界的真实现象。相应地，驱动、运作和承载这些另一个世界的活动的东西就叫作灵魂。[①] 情感也和灵魂一样，在它自己的世界里飘忽不定，却能够不经意地或冷不防地外溢出来对现实中真实的人产生作用。正是在比喻的意义上，这里把审美活动当作某种我们不能、至少是难以预设的境况，而情感就是决定甚至主宰相应审美活动能否发起、怎样运作、用何载体、有何特征的灵魂。

这种灵魂般的特征表明，情感从来就不是静止的，甚至也不是自立自为的，而是只有在特定的关系中才会现身。这种现身，就在于情感总是想方设法从既定的状态中外溢出来，甚至只有溢出来给

---

① 恩格斯:《马克思恩格斯选集》第 4 卷，北京，人民出版社 1972 年版，第 219-220 页。

别人看见才能证实自己。但是，"外溢"的前提是充满，也就是原
有的容器装不下了。的确，正是这种情况表明，情感的溢出或者说
能够外溢出来的情感只可能是想象和现实的关联因素，而具体的或
真实的溢出的情感才构成审美的关联形态。这样讲的道理在于，只
有想象与现实共同构成的"容器"，才能够同时具有精神和物质两
种特质及相应的形态。由此，所谓"装不下"的意思就在于，外溢
出去的情感是正常的和加以控制的情感之外的情感。在这个过程
中，审美活动所依赖或运作的，就是在既有情感的基础上创造的
某种另外的情感因素或内容。因此，由这些创造出来的情感所生
成的内容及所采取的形式，就总是想象与现实的关联形态，从而
既能够被审美主体"以后"使用，也可以为"其他"人的审美需要
所使用。

　　一般来说，创作文学艺术作品所运用的就是多出来的情感，即
一方面要把情感抽取出来，另一方面作品中的情感却不属于任何一
个真实的人。但是，至少从读者或观众的相信倾向来讲，这些情感
不仅是真实的，而且就是某种精神内容的真实状态（态度、情绪、
想法等）本身。情感的这种真实感，就是想象与现实的关联形态，
也是得以沟通想象与现实的结构性功能。当然，其他因素和方式也
能引起美感，比如形象、姿态、比例、色彩、文字、动作、音响等，
但它们都不如情感纯粹，也就是说，对它们都不能或难以直接理解
和使用，都需要用某种方式把它们的含义抽取出来，以供审美。情
感则不同，它就是含义和内容本身，不需要翻译或表述，所以才最
能把人心攫住，使人陷入其中，从而达致某种没有比较级的相应审

美状态和体验。

即使是所谓高科技、人工智能，在产出可审美的作品的时候，也需要并能够在一定程度上处理或运用情感，而且是更加具有"多出来"的特征的情感。比如，在所谓 AI（人工智能）生成艺术的创作中，创作者输入关键词的时候就可以将表示情感或情感内容的词汇传递给 AI。在这种情况下，AI 运用既有的模型就可能捕捉到关键词中的情感含义。接下来，尽管还不能说让机器、模型或程序自己产生情感，但却可以运用数据库中已有的相应数据、词汇或信息，对输入或传递给它的情感加以处理，包括在重新组合中可能产生的新的情感内容及含义。从情感并不会从机器（硅、电子管、电路等）实体中生出的角度讲，这些情感就都是"多出来"的。但是，这并不妨碍相应的作品被人们欣赏的时候，它所包含并体现出来的情感内容及形式就可能作为独立的审美因素感染和打动欣赏者，或者说被欣赏者所体验。

不过，也有反对情感或情感流露的，比如弗洛姆，而他的理由在于把情感看成是软弱的表现，容易导致人犯错误。[①] 其实，这种以及类似的反对的前提，恰恰是把情感作为独立的因素来对待，也就是承认情感的普遍作用，只不过对此采取了否定的态度。从这个意义上讲，这些反对意见的根据其实是"外在"于情感的，所以反而支持情感外溢的真实性及其审美特性。

---

① ［美］艾里西·弗洛姆：《逃避自由》，刘林海译，上海，上海译文出版社，2015 年版。

2. 一般方式

　　所谓一般方式，是指想象与现实的美学性关联在运作功能方面所具有的两个特性。其一，是指关联方式的普遍性，也就是具有相对固定的方式方法或形成途径，以尽可能减少相应关联形态的随意性和不可理解性。其二，是指这些关联在形态学意义上具有相对独立的美学特征，也就是尽可能保证想象与现实的关联成为可识别的和可运用的审美因素。显然，这两个特征不可分离，否则一定的方式或者无从把握和传达，或者与审美无关。不过，相对来说，这种一般方式在形态学意义上可以分为两种类型及特征，一种是言语，另一种是非言语的，或者说身体感官行为的看、听、触、闻等。

　　至少因为言语需要想象，而感官功能就是一种现实，而且是具有物质形态变化的现实行为或状态，所以不难理解，这种一般方式就是想象与现实的关联载体和途径。需要指出的是，尽管这两种类型在具体的审美活动中的作用各有侧重、各有特征，但它们作为一般方式却是相互关联、不可截然分割的。与此同时，又由于这种关联并不要求和具有认知意义上的严格性和准确性，所以作为一般方式就已经能够、甚至更便于支撑相应的审美活动需要了。换句话说，这种一般方式的审美特性还在于，方式运作的具体作用或效果是不可重复的，而且正因如此才能够形成或作为想象与现实的关联形态。

　　首先来说言语，也就是通过说话这种形式，用语言来进行相应的沟通、传达、表述、理解。但是，言语本身就是想象的一种形态，因为言语作为声音以及语言作为符号本身都没有内容含义，需要"知道"它们所代表或表示什么，才能形成并准确理解相应的内容含义。这里的"知道"当然可能是某次言语活动之前就积累或储备的知识，然而"知道"的运用却需要某些想象，或者说这种运用本身就是一种想象。这样讲的根据在于，人一旦思维，就要使用语言，想象在此的实际含义或作用就是"翻译"，从而用思维支持语言，用语言表达思维。由于这种翻译作用，言语既可以形成语言与其含义严格一致的正确认知，也可以在某种情感倾向的水平或基础上提供进一步的想象空间。换句话说，言语既可以用来完成命名、指称、表述、说明、解释、指令等语言学要求，也能够形成天马行空的想象，尤其是体悟并表达超出相应语言规范的特定情感含义。

毫无疑问，在运用言语方式进行审美活动的形态中，最富特征的就是广义上的文学作品，包括诗歌、小说、散文、话剧、小品、相声、甚至电影等艺术样式。如果不算朗读和吟诵，比较"纯粹"使用言语的样式就是小说了，其他的样式不仅伴有声音，而且同时使用表情、动作、道具以及各种特技。这样看来，从方式上讲小说似乎最为受局限，因为它只采用言语形式，甚至由于往往是默读而没有对话所以连言语也算不上，只能说是对语言本身的理解。但是，恰恰是在这里，一方面表明了言语作为一种方式类型的普遍性，另一方面也展示了言语与其他类型及相应方式相互作用和相互影响的最大的可能途径。

比如，小说《静静的顿河》的主人公格里高利在历经了情爱的撕扯和战争的厮杀之后，弄得身心俱疲，强撑着回到自己的老家，亲吻土地。对此，作者当然只能通过语言文字的描述，但是读者的审美感受往往就像看见了高阔的苍天，听到了顿河的流水，闻到了泥土的香味，甚至可以触碰到格里高利潦倒衰弱的身躯。这一切都是借由语言的想象，也可以说是作品与读者的对话，也就是想象本身的言语，但不仅不妨碍调动各种感官功能，而且相应的审美因素极大丰富了小说阅读的审美内涵，营造出遐思意境，生发出深远的意义。事实上，正是一般方式的这种言语和感官相互作用和相互影响支撑了小说的翻译，而且就连前述的那些审美因素及效果，也是翻译者提供给读者的，因为他们（比如金人和力冈这两位译者）在中文读者阅读之前就运用了这种一般方式，而且想必也获得了相应的审美体验。

当然，作者、译者和读者的审美体验不大可能是一样的，甚至是有矛盾和冲突的。比如在前述例子中，对格里高利的评价历来就是不一样的。但是，恰恰是这种不一致，一方面反映了一般方式在审美特性和审美作用上的一致性，另一方面也体现了一般方式对于所有人的审美活动本身所具有的普遍适用性。换句话说，这种不一样正是一般方式的重要内容和普遍特征，不管什么样的现实情况都能作为审美因素，也不管主体以怎样的态度都能进入审美状态，并获得相应的审美体验。这种情况之所以可能，从认识论的角度讲，在于不同的评判依据归根结底还是来自现实本身。比如格里高利本人就是一个矛盾，他在妻子娜塔莉亚和情人阿克西妮亚之间来回摇摆，又在革命与反革命阵营之间随波逐流，结果是道德和性格相矛盾，正义与勇敢相冲突，既显出英雄豪气，又沦为受难悲剧。

再来说感官行为，也就是主要特征为物质性的身体感官功能。比如，你可能因为一个人身材长得匀称而觉得他或她很美，但这种审美方式的构成，或者说提供这种审美方式的要素并不是"匀称"，而是为什么匀称的内容或原因，比如腿占全身的比例是三比七还是四比八等。然而，恰恰这些内容或原因对于审美观照、感受或体验来讲是不必要的，因为它们都属于"知识"，可以用语言传达，也可以通过学习和训练获得，更能够运用在制造或创造审美对象方面，比如创作一幅画或做健美操等。对于"别人"来说，是否了解这些知识与审美体验无关，即使制作或创作者本人，当他面对作品进行欣赏的时候也并不需要调动或运用这些知识，甚至相关知识还会妨碍或干扰正常的审美。这种情况表明，感官的基本功能就足以进行审美活动，而且对象也总是、至少在大多数情况下是以整体的形象或效果来感染欣赏者的。

感官功能不说话，所以从它在审美效果上与言语的特征区别来讲，可以叫作妙不可言。因此，几乎所有对感官起作用的状况，比如音乐、咆哮、痛哭、抽泣、大笑等都能引起相应的审美感受。当然，不说话以及特定感受与知识无关并不等于完全不需要精神性的想象，只不过想象的作用在某种完整感受中的体现往往不如感官功能那么明显，或者不容易自觉意识到，也就是所谓下意识地并且在瞬间就把既往储备的知识调动和运用了。其实，这种形式上的不自觉或下意识，正是一般方式在起作用，或者说是一般方式与审美特性的一致之处。由此，尽管在"感性失控"一节曾说过，一般人很少或很难把痛苦、悲哀、惊讶、恐惧、甚至崇高等情感或精神状态称之为"美"，但只要一般方式能够使人被包括这些内容在内的所有情感状态或精神活动所触动，或者说使被触动者陷入相应的情感状态或精神活动，他或她就可能，而且往往就是进入了某种审美境况，或者说能够获得相应的审美体验。

经由这种一般方式，想象成为真实的审美因素。但是，这只是指想象在美学意义上的真实，而非科学和哲学意义上的真实，然而唯其如此，想象、准确地说是想象和现实的关联形态才是审美活动的重要场域。由于这种关联形态在一般方式上的审美针对性，又由于言语和感官两种类型的共同作用和相互影响，使得历来所谓美是什么或美在哪里的说法或争论都显得没有意义了。比如，在前述身体匀称的例子中，主观美、客观美、绝对美、相对美、实在的美、感觉到的美、外在的美、关系的美、移情的美等都是可能的，而且各种情况或因素也是相互作用和相互影响的。

比如，"匀称"可以算作主观的美，这不仅因为不同的人对身体匀称的标准不一样，而且尤其在于身体匀称本身就是某种感觉的"内容"。但是，不管怎样感觉或判定是否匀称，支持匀称的"知识"是客观的，也就是说支持身体匀称的比例也一定有相应的幅度或范围，致使太大或太小都无论如何不能让人产生身体匀称的感觉。因此，主观因素和客观因素在此是同时起作用的，或者说它们作为一般方式的运用因素和审美效果是一致的。对于其他各种美的理解，尤其是作为两两对应的概念的时候，在一般方式运作中的情况也大体如此。

最后，关于"一般方式"的不可重复性。从上述情况不难看出，如果仅从一般意义上讲言语和感官功能的使用，似乎所有知性或智力活动都是这样的，以至于"一般方式"的美学针对性及其特征反而无从谈起了，或者说并没有说明这种方式对于审美活动的必须性。但是，经验告诉我们，对于一般的智力活动或言语和感官行为来讲，可重复性都是必不可缺的，也就是大体上需要有某种规律性或程式化的操作规则和方法。相反，作为和进入审美活动的一般方式在具体作用或效果方面是不可重复，至少是很难重复的。这种不可重复性，就是一般方式的美学特性，或者说以审美的方式连接想象与现实的关联形态，也是具体审美感受或体验没有比较级的重要原因之一。

比如，茶水太烫了要晾一会儿才能喝、电视声音太吵了要关小一点、阅读相应的说明书就能知道如何服用某种药、按照教练的要求和指导就能学会游自由泳，以及通过规范地学习和训练掌握各种知识等，所有这一切都是可以重复的操作或活动。然而，用来审美的一般方式则与此不同，它的具体运作及其结果都是不可重复的。比如，同一个人，对于同一个十五的明月、同一盆盛开的牡丹花、同一首歌曲、同一部电影、同一部小说，即使是在同样的场合，在不同的时候，也就是"每次"，这同一个人用看见、听到、闻到、阅读等方式得到的审美感受或欣赏体验都是不一样的。而且，这种不一样并不是因为艺术家的创作和个体的审美都要突出自己的个性或特点（尽管这种情况是存在的），而是必然如此，就像有某种看不见的力量使得"每次"的审美感受或效果都是不同的。

不过，即使上述情况是真实的，仍然存在一个明显的矛盾，即是说，既然叫作"一般方式"，从逻辑上讲它就应该是可重复的和普遍适用的。的确，这个矛盾本身是不可消除的，但它所表明的恰恰是这个矛盾的无意义性，因为"美"无处不在，任何现象、状况、行为和活动都包含美的因素，都能够产生审美效果，或者转化为审美活动。这一切情况的具体特性和效果，也就是能否成为审美活动，就取决于一般方式的运用状况。换句话说，这里的不可重复其实是指方式运作中各种要素的安置，包括所需什么要素、要素的多少以及随时可能产生或失去某些要素等状况。

显然，清楚地指出或描述这种状况极为困难，因为这不仅需要做大量的实验，更需要有相应的精密仪器，甚至现在的技术手段还不够用。或许，等到至少能够用某种仪器准确"读出"人脑里在想什么，以及至少能够不用语言（比如用某种图示或电脉冲）就直接让人明白某个人感受到了什么的时候，才能描述或展示"一般方式"的运作内容、形式及审美作用。不过，从经验的角度讲，现在也不是不能对这种状况做一些推测，也就是对一般方式具体起到的作用或效果进行归类，从而分析指出那些生成相应审美特性的主要原因或根据。大致说来，至少可以从三个方面来分析相应的归类及其原因或根据。

其一，一般方式的发出方或主动运用方并不是为了传达或表述什么知识或指令，而是为了自己的审美需要而采用一般方式。这种情况看起来是突出或强调了审美主体的动机、目的和意愿，其实是对方式运用本身的要素侧重提供或支撑了这些动机、目的和愿望。

比如，作家写小说固然也是一种审美过程，甚至作家自己也希望作品能够达到什么目的或效果，但这些预期能否实现，甚至会不会出现相反的目的或效果，都是完全没有保证的。因此，作家其实只是根据自己的体悟，尤其是对于什么样的题材和方法更具有感染力的认识或"知道"，去进行自己的创作，而相应的方式（在此也就是语言的运用）是否传达或表述了什么并不是"事先的"要求。严格说来，对预期的不能保证在此并不是指欣赏也是一个再创作的过程，而是指一般方式本身的自足自为特性，也就是形式和内容在实现没有比较级的审美自由状态方面的一致性。

其二，一般方式的接收方或被感受方既不是出于对于发出方的义务和责任而使用一般方式，也不是有选择地从一般方式中汲取什么。一般说来，这里的接收方或被感受方，指的就是尚未进入审美状态或活动的所有人，由于一般方式固有的作用，这些人就有可能被这种方式所吸引，或者说被卷入某种审美状态或活动中了。比如，某人在街上行走，突然街边有音乐声传来。这时候，如果这个人继续走路而不在意身边的音乐声，那么不管出于什么原因，他并不对不进入一般方式的审美状态负责；反之，如果他停下脚步专注聆听和欣赏音乐，那么这在很大程度上是因为他被音乐所吸引了，也就是被卷入了能够感染人的音乐方式，而很少或几乎不可能是对某种一般审美方式的自觉选择。当然，如果一开始就是有审美目的的行为，比如进电影院看电影，哪怕是看过的电影，那么从前述所谓"每次"的审美感受或效果都是不同的来讲，对一般方式的"事先"选择同样是不可能的，就像一般方式的发出方或主动运用方不能事先"知道"作用效果一样。

其三，审美体验的真实含义并不一定会，而且往往不会与作为载体的言语和感官相一致，所以这些含义可以看作另外生出的内容。能够生成"另外"内容的机制性功能，主要就在于上述一般方式的非目的性。显然，非目的性并不等于无目的，这一说法包括两层含义。其一，审美可能是无目的的，不过这种情况绝大多数属于没有自觉意识到目的，而不是真正的无目的。其二，也是更为关键的特性在于，所谓非目的性是指尽管审美可以有明确的目的，但是否达到或实现这个目的是无所谓的，因为只要产生审美感受或体验，就形成并确证了某种状态或情形的美学性质，与既定目的的偏差或一致与否，只对一般方法的发出方、主动运用方或艺术创作主体的"事先"意愿、盘算或计划具有意义。（顺便说一下，书中其他地方也是在这个意义上使用"非目的性"这个词的。）严格说来，不管怎样运用一般方式，也不管是否自觉认识或计划了某种目的或目标，审美体验所依据的和所获得的都是给定活动中多出来的或者说另外生出来的内容。事实上，这种情况或关联形态就是下一部分要说的"超越存在"。

3. 超越存在

所谓"超越存在"并不是不承认"有"存在，也不是用其他什么东西来替换既有的存在，包括观念、实体、形式、状况等存在形态。超越是指某种意义，也就是使得某种状况成为审美活动，所以就连前述所谓"多出来"的情感、"另生出来"的内容等状况也是在这种美学性意义上讲的。由此，这里的超越包括两层相互关联的含义。其一，从过程来讲超越是指美学意义的生成；其二，从内容上讲超越就是现实的和有具体内容的美学意义。这两层含义在性质上的一致性以及在过程和内容上的同时性，表明这种超越存在本身就是一种实践，也就是以实践的方式所体现或展现的想象与现实的美学关联形态。

由于"实践"是一种活动，所以它在这里是相对"道理"而不是"理论"而言的。理论有对有错，而且从它总是关于什么东西（事物、活动、规律等）的认识来讲，理论也是一种实践，叫作理论实践。因此，准确地说理论和实践都是一种活动，只不过形态不同罢了。从理论的这种特性可以看出，理论可以指导实践，也可以什么都不指导，就表述出来而已。与理论实践相对的实践活动，其实就是各种行为本身，但是，它们可以以某种理论为指导，也可以完全无须任何理论，比如只凭经验、直觉、主观意愿甚至一时的随意。因此，这种实践的成立参照只能是道理，而不是理论。同样，只有实践，包括作为某种活动的理论实践才具有真实与否的问题，相应地，想象与现实也才可能由于某种关联或经由某种关联形态而具有真实的一致性。

之所以说超越存在是一种实践，同时又是实践本身，在于这种实践的非对象性，也就是以各种超越方式作为审美感受或体验的过程，并同时获得没有比较级的美学自由，好像超出了任何既定的、有边界的或被规范的存在或存在境况。根据前面的讨论，所有的超越存在都离不开想象，至少"一开始"需要想象，或者说总是从某种想象"开始"的。但是，想象是现实的反映，而且总是以现实的东西或对于现实的为材料或基础，比如连鬼都是有眼睛和鼻子的，而鬼既是想象中的东西，也是想象本身。但是，想象并不是为了知道现实，而是希望或引导自己达到某种与现实不同的状态或境况。因此，想象和现实都是真实的，而且从这个意义上讲，想象也是一种实践。但是，从发生的角度讲，审美源于想象，也取决于想象，只不过这时候作为实践的想象已经成为连接或沟通现实的关联形态，或者这种关联形态的构成部分或方面了。

就一般的认知来讲，对象或客体的内容或构成是一种存在，主体的事情也就是判断的目的在于如何认识这种存在。在审美活动中，对象总是作为整体存在的，用一般的话来讲以及在大多数情况下，这种整体就体现为形象。显然，形象的构成包括很多因素或方面，它们之间的关系当然也就是对于对象或客体的判断是否"正确"的根据，所以这个根据也应该是独立的。但是，这些因素或方面的关系对于审美来讲却不是固定的，而是需要把个人的或主体的看法及其采用的方式也融合进来。换句话说，审美本身对审美对象的形成及存在状况具有某种结构性的生成作用。正是这种作用，提供了前面所谓"超越存在"是一种实践本身的确证，同时也的确超越了存在与思维关系的范畴局限。

看起来，超越存在作为实践本身这个说法，有点类似布洛克认为美学是中介性的学科的看法。不过，他主要是针对哲学史历来争论不清楚美是什么这种状况讲的，所以认为其根本原因在于美并不是独立的学科，而只是某种中介性的活动，从中通过其他已经存在的因素来获取相应行为和态度方式的判断根据。[①] 但是，与布洛克不同，这里的超越存在之所以能够具有实践本身的意义，在于审美活动即使不创造存在，也能够体现或确证存在。换句话说，当审美把个人的想象（创造）变成公认的规则（可表达）时，这种变化本身就成了审美和欣赏的一般方式。这个方式尽管包含思维与存在、主体与客体的关系，但却是自成为另一种意义的实践本身。

其实，就实践本身具有意义来讲，离开实践的存在是难以理解的。不仅审美活动，世间各个方面如果没有具体的实践，那么所有的一切，包括所谓自然的存在都是不可理解的，甚至任何存在都是没有意义的。这样讲的根据在于实践是指人的本能之外的任何行动，包括思考、行为、活动、表演等。意义就存在于本能之外的领域，也就是具体的目的和规范的要求。比如，吃东西是本能，但有意识注意"吃相"，讲究卫生、遵守礼仪等目的和规范就是实践。不过，这里的目的并不一定是明确和清楚的，相当多的情况都是习惯造成的下意识反应。比如，在真实的实践中可能以为明确的东西其实不明确，或者用不着把它搞清楚而只要把目的或目标定下来即可。因此，"意义"是实践所具有的，但意义的内容可能并不由相应的实践给出，比如可能体现为各种"之后"的反思或对其他事情的影响。至于审美，意义和实践是一体化的，或者反过来说，没有具体的实

---

① ［德］巴琼·布洛克：《作为中介的美学》，罗悌伦译，蒋芒校，北京，三联书店1991年版，第6—7页。

践审美感受或体验既不可能生出，也缺乏相应的载体。

因此，如果美学真的如布洛克所说是一个中介性学科，那么这里的根据或者说真实含义就在于，美无处不在，但却不是任何固定的存在或抽象的存在的特性，而是不断地并主要由审美活动来承担或体现的某种创造性实践。这种创造，就是对存在的超越，或者说以超越存在为突出特征的美学关联形态。比如，某个人在博物馆观赏一件青铜器可能会有各种目的和感受：他可能惊奇于这件青铜器在古代就能具有的如此高超的冶炼和锻造技术，也可能关注它形成的实际年代及相关功能，又可能只是按照当下的规则或自己的审美习惯来欣赏它，还可能从各种专业知识来辨别和判断它的真伪等。所有这些目的和感受都是一种实践，而它们所依据的都是与对象有关但却不是唯一能够确定对象特性或特质的因素。这些有关却不唯一东西，就是在既定或固定存在"之外"存在的各种关联形态，即创造性实践。因此，不仅整个这种观赏是超越存在的，具体的或不同的观赏行为也是作为青铜器这个存在物和存在现象或形态"之外"的存在而具有意义的。

当然，包括人自己在内的任何事物都处在各种关系中，所以各具体存在的意义总是针对相应的关系而言的。因此，人的境况是由自己的实践造成的，即使大自然的威力远比人的能力大，但它没有人那样的自由意志，而人却可以用各种方式应对大自然，比如逃避、适应、利用、改造等。如果说，实践是人类改造自然和自己（即社会）的有意识的活动，那么实践就只是人的活动，动物没有。动物也会改变它们所处的环境，也就是自然，但它们的活动并不在于这种"改变"，而在于"适应"。因此，至少从自然界漫长的各种相互适应的进程来看，动物不具有人那种水平的自觉或有意识的活动。但是，人的实践显然不是、也不可能是随心所欲肆无忌惮的，即便在能力允许的情况下也是如此。因此，人的实践永远处于一个矛盾选择的境况，也就是既想摆脱约束，又要遵守规矩。于是，设法超越存在几乎就成了唯一的出路，而超越存在的可能只在于审美，因为其他诸如伦理、道德、政治、经济等举凡有利益牵扯的领域和方面都做不到。

不难理解的是，几乎所有行为都有相应的动机，尽管当事者可能并没有自觉或清楚意识到。因此，只要想摆脱什么，就是想达到某种自由状态，相应地也就必定表示或暗含着对什么东西（概念、看法、做法、规定等）的不满意。但是，对象性地自由总难免涉及"别人"或"别方"的利益，至少是需要他们或它们的配合，包括容忍和让步。只有审美活动没有、至少是不需要这种对象性的配合，主体可以通过创造性实践来实现对于存在、也就是既定状况的超越。换句话说，由于这种实践的非对象性，相应的超越既可以达到不满、不拘泥、不限于某种既定状况的意愿或目的，又能够在不影响这种既定状况的存在的同时，造出某种另外的、新的存在或存在状况。因此，作为审美活动的超越存在尽管也包括相应的存在、目的、过程、变化等因素，但它们都是整体的实践本身的构成部分，同时也是把想象变为现实或者就作为现实的关联形态。

然而，想象之所以关联现实总要有原因或原动力，最主要的原因或原动力就在于有兴趣。当"有兴趣"本身被欣赏的时候，它就具有了没有比较级的美学特征，而且这种情况正由于科学技术的发达而变得越来越便捷，越来越不顾后果。比如，电脑游戏之所以又叫作或形成了所谓"网络迷因"，也就是因为能够引起很多人的兴趣，使得某个理念或信息得以在互联网用户间迅速而广泛地传播。在这里，有兴趣是原因或原动力，而迅速并大规模传播则既是这种有兴趣被欣赏的形式，也是这种欣赏的结果。对于这种不顾后果的兴趣狂热，已经有科学家指出，在今天，致使人工智能逼近无法回头的奇点的标志之一就是网络迷因，另一个标志是语言翻译。[①]

　　想象的现实可能真实，也可能虚假，因为想象本身就是一种关联的美，而且没有比较级。不过，无论真假，通过审美的想象或者说审美中的想象本质上是一种对现实的再造，也就是超越存在的具体方式。正是由于想象与现实的这种再造关系及具体方式，真实或虚假就都不过是针对不同的参照来讲的具体感受或体验。比如，在一则广告中，奶奶对孙女说，"不要把生活填得太满，多给自己留点空间"。这句话从想象或超越存在的角度讲，也许可以理解为要时常具有或保持某种放松的心态，不要使工作太紧张或生活节奏太快。但是，如果以真实的生活为参照，这句话就很惊悚了，因为任何"生活"本来就都是充满的，如果人在生活之外还会有什么空间，那只能是超自然的空间了。

　　需要指出的是，想象并不只是个人的事，上面以个人的角度来

---

　　① 《只剩七年！人工智能奇点逼近人类》，北京，《参考消息》2023年3月1日第7版。

讨论只是为了表述方便。事实上，不仅个人的想象是以各种社会存在为基础和依据的，或者说是对某些存在的反映，而且想象本身也是社会性的现象和活动。比如，恩格斯就曾指出，早期资产阶级在表达自己利益诉求的时候仍需要披着宗教也就是基督教的外衣，不过随着市民阶级的逐步强大，从 16 世纪路德的宗教改革开始，地方性的斗争就具有了民族的规模。由此，作为某种社会想象，宗教外衣也随着社会的变迁，尤其是阶级斗争的需要不断发生变化，包括加尔文宗教改革的共和化和民主化，直到宗教完全沦为统治阶级的专有手段。① 又比如，荷兰历史学家约翰·赫伊津哈（Johan Huizinga）在论述中世纪艺术的时候也表达过类似的观点，并认为整个中世纪衰落的核心问题在于想象力的贫乏，而其突出的特征体现，就是中世纪晚期艺术中空洞的象征主义狂热，用教条化和程式化的宗教比附扼杀了鲜活的社会想象。②

4. 小结

就事物（现象、过程、方式、体验等）的真实性来讲，想象与现实的关系是审美活动的主要领域。从哲学的角度讲，想象是问题，现实是答案，所以作为问题的展开，审美活动才可能通过具有普遍

---

① 恩格斯：《马克思恩格斯选集》第 4 卷，北京，人民出版社 1972 年版，第 251-253 页。

② 参见 [英] 弗朗西斯·哈斯克尔：《历史及其图像》下册，孔令伟译，杨思梁、曹意强校，北京，商务出版社 2020 年版，第 725-726 页。

性的一般方式，成为连接或体现想象与现实的关联形态，并形成或达致超越存在的审美感受和体验。

想象与现实的关联形态来讲，情感是一个具有基础性作用的因素。在此基础之上，审美的发生依赖或来自情感的外溢。这种"外溢"是一种看似不自觉地、无意识地行为，其实正是审美活动的意义所在，因为它所提供和确证的是与既有的情感相比多出某些"内容"的情感。想象是审美活动的发起点，并通过情感的外溢使得想象本身具有真实性，或者说成为现实。因此，这种外溢的情感不仅是可传达的和可理解的，而且还能够作为审美因素和手段来运用，包括被审美主体自己在"以后"使用和被其他人使用。

从审美活动的现实性来讲，想象与现实的关联形态也有相应的一般方式。这种方式包括两个互相关联、不可分割的功能方面，即一方面具有各种关联形态的普遍性，另一方面则具有相对独立的美学特征。从实际运作的情况来看，这种一般方式可以在形态学意义上分为两种类型及特征，即言语本身和看、听、触、闻等非言语的感官行为。一般方式最为突出的美学特征，就是其运用中的非目的性，因此它在认知层面并不是为了传达或表述什么知识或指令，在接受层面也没有义务和责任从方式运用中有选择地汲取什么，以及无须顾及言语和感官功能的运用在审美体验的真实含义上是否一致。

情感外溢和一般方式为想象与现实的关联形态提供了相应的机制性功能，以使"多出来"的或"另外"的审美内容成为一种超越存在的实践。任何实践都随时面临既想要摆脱约束又不得不遵守规则的两难境况，只有审美活动的超越存在有可能提供一条真实的出路。这里的"超越"是指使得某种状况成为审美活动所具有或生发出的意义，其功能具有性质上的一致性以及在过程和内容上的同时性等特征。作为想象与现实的关联形态，超越存在不仅是一种实践，而且是实践本身的美学特性，通过这种超越，无处不在的审美因素才可能成为真实的审美活动，并达致相应没有比较级的审美感受和体验。

第三章　信仰与预言

如果说，想象与现实是从个人体验的角度来看待审美活动的主要领域，那么信仰与预言就是从人类社会的需要来看待审美活动的内在根据。大概多数人都同意一种说法，即人活着还是要有所信仰的，否则遇事就容易感到困惑，如意志不坚定、没有精气神、丢了魂儿等。但是，人们也都知道，具有信仰其实并不容易。信仰可以是绝对的、毋庸置疑的、非选择的，甚至是没有权利追问的，比如宗教信仰（对应的英文应该是 belief、faith）。但是，信仰也可以是由于或自认为知道了、明白了而采取的确信选择（对应的英文可以是 conviction）。因此，相对说来，宗教信仰是因为相信而服从，而且信众一般不敢说、没有资格说或不能说自己知道了所信的东西的道理；其他信仰，主要指政治信仰则多是因为知道或自以为知道其道理而相信，所以对所信的东西服从与否可以是一种自觉的选择。明知道坚定信仰很不容易，但又都认为不能没有信仰，于是人们就选择信仰美。这里所谓的选择并不一定是自觉的，也就是说，并不是大家都自觉地用审美来代替信仰，而是指审美活动实际上是能够达到信仰所具有的效果的，包括振作精神、销魂荡气等。

有了信仰，一般总要有相应的目标来落实。比如，信仰来世报应，于是就行善积德，争取死后升天或下辈子投个好胎。但是，这种落实信仰的目标并不总是对象性的，或者说它本身更多是一种"提前"的示范。换句话说，这种目标作为信仰的落实或展开本身就具有了预言的性质和特征。这样讲的根据在于，预言包括两层含义，一是先知，也就是替神说话的人（对应的英文应该是prophet），比如耶稣、穆罕默德，另一是预先告知，或者预言要发生的事（对应的英文应该是prophesy、prophecy）。不管哪层含义，预言的依据都是"已经"所信的东西，否则预言就缺少权威性，就没人相信、无法成立或失去意义。不过，表示预言根据的神既可以是宗教的神，比如上帝、佛，也可以是文化传统的甚至迷信的神，比如灶王爷、阎王，还可以是某种主义或学说。从此意义上讲，如果人们信仰美，那么信仰的根据就是所谓美本身，而相应的预言也就是替美本身说话的那个东西（事物、状态、形式、人物等）。每个人在达致或实现审美感受或体验的时候，相应的那些没有比较级的状态就是真实的预言。

从上述信仰和预言的关系可以看出，没有信仰就没有预言，所以如果把它们作为一对美学范畴，那么信仰是问题，预言是答案。但是，由于信仰本质上是无条件的，而预言又以信仰为根据，所以信仰和预言都超出了理性的范畴，尽管不能称之为非理性或反理性。如果说上一章青铜器的例子已经表明，判断根据和判断结果或内容不是一回事，那么尽管信仰可以作为预言的根据，但信仰者和信仰、预言者和预言内容或行为却是一体化的。这里的原因在于，信仰与预言都不是对象性的，它们虽然具有问题与答案的关系，但却不存在一一对应的因果关系，相反，信仰与预言在本性上都是没有比较级的唯一。因此，所谓从信仰到预言诸环节或方面的一体化，指的就是信仰与预言关联形态的审美特性，即具体的或特定的预言借助甚至依仗一般的或普遍的信仰而达致没有比较级的审美状态或水平。

不过，就现实情况来看，具体的信仰有各种各样，对信仰者的要求也有严有松。从内容来讲，信仰可以来自或针对任何东西，比如某种观念、各种知识、愿望、欲求，甚至痛、累、病、闲等生存状况，所以它们恰好可以作为同样无所不在、无所不包的审美因素，或者说为审美活动提供可能的载体。预言当然可以用语言来表达，不过本质上则是替已经确定的承诺做出示范或代言，所以它们往往甚至总是要设法引起或获得人们的情感认同。由此，信仰的内容和预言的形式所构成的状况就很容易具有或体现出一个特征，即美学的关联形态。

不管是美的位置、美本身、还是想象与现实，其实给任何东西，尤其是观念或精神现象下定义都是困难的，因为总要碰到判断和判断根据的一致与否。做出某个判断一定是有相应根据的，这个情况看起来是根据支撑着判断，然而实际情况并非如此，也就是说，某个根据可以和判断不一致。比如，几乎所有人都认为是美的某个对象，其判断根据可以算作普遍性的规律或规则，但很显然也有的时候就有人并不认为这个对象是美的，而且这也不能用个人爱好或趣味来解释，因为出现不同判断的也可以是同一个人。实际上，上一章所谓一般方式运用的非目的性和不可操作性，讲的也是这个道理。不过这样一来，似乎判断和判断根据可以各自独立了。信仰与预言的关联形态就是容纳判断和判断根据既相互独立又互动生成的地方，所以本身就具有内在的美学特性，也就是既能够保证判断作为美的自由实现，又不排除相应判断根据所具有的特性及具体含义。

如果说，所谓信仰与预言都具有唯一性，主要是指它们在相应要求方面的无条件性和合道德性，那么它们的一体化则是指相应关联形态的包容性，尤其是判断和判断根据在真实性上的一致。由此，信仰与预言的关联形态的美学特征更为复杂多变，比如朦胧兼有高冷、俊逸暗含刚正等。不过还是可以根据不同的关联形态作大致的梳理归类，从中找出比较重要的审美类型，并形成相应的美学范畴，比如惆怅、崇高、丑、负责等。

1. 惆怅

在各种情感体验和意识感受中，惆怅即便不是最复杂的，也是最复杂之一的，因为它的真实含义就是"好像"。若有可思、若有可为，若有所得、若有所失；明明感觉到了什么，却又难以清楚描述，所以只是体验到某种情感，感受到某种意识。这种"好像"的突出特点当然在于不确定，但它的审美特性却在于引人入胜，使人陶醉，甚至常常是矛盾纠结却不愿意解决，痛楚隐忍又舍不得丢弃。之所以说这些体验和感受都具有美学性质，就在于它们不仅都使某种没有比较级的状态达到极致，而且还让人沉浸其中欲罢不能，或孤芳自赏、自鸣得意，或顾影自怜、自作多情。

其实，信仰与预言本身就很容易或者说常常引发惆怅感。或许，这是因为信仰与预言都太过严肃，所以总是显得很有距离感的样子，若即若离。如果把严肃的事情放松下来，那么这种若即若离的状况所提供或体现的就是惆怅的关联形态，即用某种方式把原本可以自行其是的因素糅和到一起，但一方面故意不表明甚至忽略它们各自的性质和功能，另一方面却把它们投入某种整体上朦胧混沌的感受境况或形象。因此，惆怅往往突出某种看似互不相关的东西，却又以某种相同或近似的情绪串在一起，就像一首"记住乡愁"的主题歌唱到的：一碗水、一杯酒，一朵云、一生情。这些不相干的东西糅在一起就是乡愁，而乡愁也可以在每一个这样的碎片上得到整体的体现。

惆怅之美的确是超凡脱俗的，因为它所依据或倚仗的正是它自己的关联形态，也就是用不着刻意寻找材料，任何状况自身的要素关联和变化就足以生成具有惆怅特征的情绪或意境。对此，我曾在一本书中写道："比较起来，西方美学标举的悲剧过于惨烈，多少显得无助无望；崇高又过于严肃，精神难以得到休息；乡愁带着无聊，难免有些顾影自怜；现代美学的解构看似深刻，其实往往玩世不恭、自娱自乐。所有这些，惆怅作为某种意境都可将其兼容，但是，惆怅自己的美学特征却是身心家园中的情感修整和深邃思考，使人得以含蓄徜徉其中而又飘逸升华之外。"①

---

① 孙津：《充实的惆怅》，北京，中国社会科学出版社 2012 年版，第 4 页。

由于形成惆怅状态的关联要素是自我构成的，在审美活动中这种关联就是身体、思想和情感的融为一体，而其强烈的感染力也就在于此。但是显然，也正是这种一体化使得惆怅的生成过于个体化，所以在"别人"看来多少具有预言的特征，仿佛是在替什么有意味的东西传达感染力。也许这种情况真的像法国艺术史家热尔曼·巴赞（Germain Bazin）针对艺术创作所说的那样，"艺术家通常是预言家，他们头脑中的幻想并非时代的产物，而是未来的预兆"。①由于这种预兆或预言的模糊或朦胧感，甚至能够产生对信仰的将信将疑，于是就惆怅。其实，这些情况所表明的，恰恰是由审美活动和艺术作品的包容性所提供的预言可能，以至于人们能够一次又一次地从"以前"的审美活动或艺术作品中看到"当下"甚至"未来"的情况。

惆怅是在信仰和预言一体的时候生出的某种情绪或心境，反过来讲，当信仰和预言在形式上合一，或者内容上同一的时候就容易产生惆怅。比如，某个人因为遇到海难或者被流放而在一个荒岛上驻留，他相信自己不会永远待在这里，但却不知道什么时候能离开，所以相信和有指望的等待就是一体的。换句话说，所有的思考和行为都融合在这种一体化中，形式上是一种合一，内容上则是一种同一。有所指望而又不能确定，于是就惆怅起来。其实，就连马致远的"夕阳西下，断肠人在天涯"也是一种惆怅，因为它并不是绝望，

① 参见［英］弗朗西斯·哈斯克尔：《历史及其图像》下册，孔令伟译，杨思梁、曹意强校，北京，商务出版社 2020 年版，第 637 页。

而是借着秋天的景色来抒发远游人的思绪。就算诗人并不坚信自己或诗中所说之人能够很快返回故乡，但这恰恰是和不确定的指望相一致的，而且并不需要事实或未来的确证。

因此，惆怅是信仰和预言的合一或同一，尽管具体的惆怅内容和含义并不一定能说清楚，甚至往往说不清楚。相应地，如果信仰和预言不一致，也很难产生惆怅感。比如在上述荒岛驻留的境况中，不管自然景色如何，也无论身处何处，如果那个人被判了死刑，那么他或者绝望、恐惧，或者自豪、悲壮，总之很难有心情去惆怅。同样，别人对这种境况的评判大多也是比较确定的，比如或者因为那人有罪而称快、鄙视，或者因为英雄悲剧而崇敬、感叹，总之是不会至少是很难产生审美的惆怅的。这里的道理并不在于不同的道德取向，也不在于同情心的大小，毋宁说是因为道德取向和同情心都不起作用了，无法将信仰和预言合并或调和起来，所以也就缺失了产生惆怅的源头。

但是，信仰与预言在惆怅中的一致是从特性的角度或意义上讲的，所以那说不清楚的具体内容和含义就很容易升华为某种意境，或者某种有意味的心绪。不管是一般的审美，还是艺术家的创作，人们都不可能预言具体的事情，而是在自我示范某些潜在的或明示的信仰，也就是当事人自己的信仰。因此，信仰和预言的合一或同一，只可能体现为某种情绪的铺陈，比如惆怅。但是，这并不妨碍产生预言、甚至示范某种情绪可能具有的所有含义，因为人们总是可以在"事后"由某些事情来"证实"或"再现"这些或其中的某些含义。

2. 崇高

如果说，信仰与预言的关联形态显得一体化了，或者说具有一体化的特征了，就容易出现惆怅的心境和情绪，那么当信仰大于预言，或者说实际行为的意义更多由信仰支撑，而预言则作为当下的实践隐退到意义后面的时候，就容易产生崇高感。因此，崇高尽管也是一种精神状态，但也可以有崇高感所附丽的实体，包括人、自然界、事件等。但是，从信仰大于预言来讲，预言本身反而成了体现崇高意义的载体或形式，也就是预言的非对象性自我落实或兑现。从此意义上讲，预言的非对象性自我落实或兑现形态就是崇高，所以当崇高感得以实现的时候，往往具有这种感觉或体验的人甚至仅是处于某种崇高的氛围中的人，自己也会觉得崇高起来，也就是俗话说的成圣感。

至少从朗吉努斯的《论崇高》（当然是否为朗吉努斯所作学界的看法仍不一致）开始直到康德的《判断力批判》，崇高不仅被单列出来作为一个重要的美学概念或范畴，而且也归纳出了一些人们公认的含义和特征。大致说来，崇高可以是一种情感态度，也可以是一种艺术风格，而它们之所以显得或被称为"崇高"，主要在于具有体量巨大、冲击或震撼力强、情绪热烈、道德高尚、功绩伟大等特征。不过，崇高之所以是美学性的概念或范畴，一个极为重要的、甚至根本的原因，在于它不涉及真实的效果。也就是说，造成或承载崇高效果的东西与处于具有崇高特征的审美体验的主体（也就是人）无关。比如，欣赏体量再大的东西时，不用担心会被它压垮，为道德高尚的行为所感动的时候，也不用担心自己必须照此身体力行，为某些艰苦斗争或危险境况所震撼的时候，更不会担心需要自己去进行这种斗争或摆脱这种境况。

显然，上述关于崇高的说法有些类似关于审美的无利害的游戏说。不过，游戏说所谓的无利害不仅仅是形式上的不计较，更是指内容上的非目的性。审美的这种无利害游戏是否真实可行姑且不谈，但如果将利害直接关乎自身，任何崇高的审美效果就会大大改变，甚至无法把握。这样讲的一个明显理由在于，这种直接关乎使得审美活动变成了一般意义上的实践，以至于被关乎者不得不去"考虑"自己是否需要，值得以及可能去做那个具有崇高性质并承载着崇高感的"事情"。但是，不管崇高是否也需要无利害的关照态度，能够把某种情感态度和艺术风格叫作崇高，本身就表明有某种更为普遍性的东西支撑着崇高的可能，并使得具体的崇高状况具有真实性。这个东西就是信仰，所以就信仰与预言的关联形态来讲，崇高就是信仰大于或多于预言的状态。

信仰本身是崇高的，因为它意味着无条件地投入和奉献，或者说，信仰具有崇高的显著特征，即献身精神。由于这种投入和奉献的纯粹性，所以一个很显然的事实在于，信仰的崇高要求，包括信念、情感、认识等因素或内容与日常生活是有距离的，也就是说，一般人即使不是很难达到这种"高度"，至少也是很少考虑这些问题的。然而正因为如此，信仰反而由于更加值得遵从而变得抽象起来，或者反过来说，人们可能不必"知道"信仰的内容，而仅凭相应的形式而生发出崇高感，或者说感受到那形式所表达的内容的崇高性质和特征。比如，苏里科夫的油画《女贵族莫洛佐娃》和《近卫军临刑的早晨》反映的都是俄罗斯 17 世纪末的真实事件，它们都具有崇高的风格特征和相应的感染力，但支撑崇高的或崇高所源出的信仰内容并不一样，从历史进程来说甚至是相反的。

　　17 世纪末，日益扩张的俄罗斯专制政权需要有一个强大统一的教会，为此尼康主教进行了加强统一教会的宗教改革，并且得到了彼得大帝的父亲阿历克赛·米哈伊洛维奇大公的支持。但是，旧礼仪派竭力反对改革，并且得到农民和工商业者的支持，被称为"分离派"。1666 年，"分离派"被官方镇压和迫害，其中最典型和重要的反对者莫洛佐娃也于 1671 年由沙皇下令被捕，最后死于流放地的修道院中。《女贵族莫洛佐娃》表现的就是她在被送往流放地的时候，道路两旁人群对她的崇敬、热爱、同情、祈祷，但从历史发展的角度讲，莫洛佐娃的立场和行动是反动的。与此同时，彼得大帝的改良运动虽然促进了俄国生产力和文化艺术等方面的发展，但对农奴的压榨剥削丝毫没有减轻，而且从宫廷到社会推行的全面欧化政策，严重挫伤了俄罗斯人的民族自尊心。因此，正当彼得大帝 1698 年出国访问时，国内发生了近卫军兵变，于是他仓促回国，立即残酷地镇压了这次兵变。《近卫军临刑的早晨》一方面表现了俄罗斯民族慷慨赴死的从容性格和自尊心；另一方面则展示了近卫军、农民及资产阶级市民复杂动乱的情感和心态。

　　因此，信仰也是一种境界，各种内容的信仰都可能成为崇高的源出或附丽。但是，撇开自然界可能出现的崇高景象，由人去做崇高的事情依然是不容易的，所以人们反而会不自觉地停留在信仰的状态，并通过将这种状态作为预言的落实来"制造"崇高感。一般说来，凡是预言就总隐含着兑现的要求和可能，但预言的特性却只能是某种示范性的展现，所以不管这种示范是不是替"神"说话，预言都不存在对象性的承诺。因此，预言不仅要让人相信，还可以用各种方式来展现信仰的崇高，而这些方式的一个共同特征就是狂欢，用崇高来制造狂欢，用狂欢来烘托崇高。或许，这种狂欢的崇高不如顶级的、也就是精神成圣的崇高那么荡涤心灵，但其猎奇心和寻求震撼感的热烈情绪丝毫也不会减少。事实上，制造崇高和痴迷狂欢的一致性，在于人们认定这样做是"理所当然"的，而且不管出于什么动机或目的。因此，各种理所当然既被当成了信仰，也被当成了预言的应验。在这种关联形态中，信仰大于预言的诀窍在于，真实的狂欢既是预言应验了信仰的确证，也是相应应验的具体形式。

崇高和狂欢互为内容和形式的典型实例就是旅游，以及各种节庆。人们精心开发和打造各种旅游景点，大肆宣传它们的优点和旅游的好处，包括拉动消费、发展经济和增加收入。事实上，美学活动从来不必掩饰赚钱动机和目的，所谓不关利害只是指审美感的形成，尤其是狂欢式的崇高，它要求的恰恰是物质、精神、知识、道德等各种文明因素的综合及凝练，所以狂欢才得以崇高起来，或者说能够被赋予崇高的特征。于是，人们不仅设置了许多节假日，期间免收高速公路费，各路商家还发放各种旅游优惠券，甚至代金券。在这些制造崇高的氛围裹挟下，人们争先恐后，从一个地方蜂拥到另一个地方，而这些地方或者已经成为自然崇高的实体或实景，或者是被人确认的历史名胜。游人们到处拍照，上网传发，长途跋涉的辛劳和观景拥挤的烦恼都一扫而光，甚至这些磨难反而成就或增添了旅游和节庆的朝圣感，或者说，激励着人们用狂欢的形式来消费崇高。在此，旅游和节庆本身就是信仰，具体如何旅游和节庆则成了预言。

3. 丑

尽管美很难定义，但丑的含义同样、甚至更加难以说清楚。这样讲的根据在于，虽然每个人对美的判断不一样，但总有，而且在大多数情况下被一致认为是美的东西，包括人、动物、风景、建筑、天气等。对于丑的判断，或者说人们获得丑的感觉却并不来自美的参照，比如不完整、残缺、不对称、过分夸张等。这里的不同，也许在于感受或体验本身。比如，所有美的东西即使不能得到所有人的赞同，包括出于各种理由故意贬低或排斥这些美的东西，但几乎所有的人并不会因为看到这些美的东西而不舒服。丑却正好相反，即它总是让人感到不舒服，尽管某人可能出于道德、职业、同情，甚至只是面子而不去歧视丑。

相对说来，惆怅和崇高都是一种心理活动，也就是说，相应的情感可以伴随、甚至来自思考，或者说是一种知道基础上的情感，而丑却是直接的感官或生理反应。其实，判断某个对象是美的，主要靠看和听，尽管可以有伴随的或随之而来的思考，包括道德或价值判断。因此，好吃的东西叫作"美味"，心里高兴叫作"美滋滋"，帮助别人叫作"美德"。在这一点上，丑和美是一样的，就是说判断某个对象是丑的，或者引起了叫作"丑"的感觉基本上就是"看到"或"听见"什么的瞬间所产生的反应。这种反应一般无须思考，也不必道德或价值判断，甚至也不涉及情感，就像条件反射一样，而且常常伴有相应的生理反应。

比如，看见腐尸都会感到恶心。相反，如果处理腐尸是某人的本职工作，或者化为腐尸的人是值得尊敬的烈士，那么不嫌相应对象丑，或者不会引起恶心的反应显然都是由于"别的"或审美活动"之外"的原因。事实上，在各种美学概念或范畴中，丑的一大特征区别正在于内在或固有性状与外在或附加因素的矛盾，甚至是尖锐冲突。作为真实的审美活动，这些矛盾不是可有可无，这些冲突更无法视而不见。但是，丑的成立恰恰在于这些真实的矛盾和冲突是无法解决的，甚至无法缓和，因为只要你想解决或缓和，就不得不更加接近丑，甚至参与其中。因此，不管回避与否，丑所引起的感觉只能是"不舒服"。在此意义上讲，无法逃避的不舒服就成了信仰本身，而且是强加给人的、不得不信的宿命。虽然没有人喜欢预言不舒服，但对于不舒服的确信至少也算一种自我开脱，从而多少能够使信仰和预言分离开来，各自安置相应的表现或展现。

其实，信仰和预言的冲突或各自分开就是对丑进行欣赏的一般方式和办法，或者说是将丑的不舒服感转换成审美吸引的主要途径。比如，挪威表现派画家爱德华·蒙克（Edvard Munch，1863—1944）画了很多画面内容和形式都大同小异，而且都叫作《尖叫》的画作。

每幅作品都是在画面中央有一个尖叫着的骷髅，双手抱头，周围全是扭曲和不稳定的放射性线条，色彩也飘忽不定。无论骷髅还是线条，它们都很丑陋，但由此构成的主要效果却是惊悚和神秘，而不是丑陋本身的展示。无独有偶，瑞士象征主义画家阿诺德·勃克林（Arnold Böcklin，1827—1901）也画了很多大同小异，而且都叫作《死亡之岛》的画作。画面的构图和色彩都很阴森，甚至恐怖，而其中又透露、也可以说隐藏着神秘。但是，这些并不令人舒服的因素组合在一起，就使得本来很可能产生的丑的效果反而转换成一种吸引力，迫使观者想弄清楚那阴森神秘的"背后"或"下面"藏着的究竟是什么。两组画作都有很强的丑陋因素，但又都没有引起丑陋特征的不舒服感，因为观者既可以从信仰也可以从预言的角度来欣赏作品，从而避免或不致引发冲突。相对说来，如果《尖叫》的审美体验更多的是惊悚和神秘，那么《死亡之岛》则是诡异和诱惑。

丑作为审美对象呈现的是一种张力，也就是让人不觉得好看、好听，但又忍不住去看、去听。当代艺术也许并不刻意制造丑，但它或者只顾"研究"，或者过于"自我"，所以是典型的信仰与预言的矛盾和分离，而且每一方都拒绝被欣赏。所谓研究，就是思考各种问题，而且还要别出心裁，把一般人经验中常有的审美模式打乱；而"自我"则是干脆不考虑观众或受众的审美需求，只求孤芳自赏，甚至以别人的不懂为得计。其实，把某种艺术理念和相应实践标榜为"当代"的理由，就是不再相信有确实可信的东西，也不相信有什么整体的东西，只是把一切都当作变化的瞬间来消费，好

听一点讲叫作与时俱进。由此，信仰本身不仅被掏空了内容，而且
反对一切预言，至少是鄙弃一切预言的价值。在这种情况下，即使
所谓的艺术作品并不至于丑陋怪异，但也的确很难让人感到舒服，
更不要说心旷神怡了，所以我曾写文章说当代艺术就是垃圾，处处
障眼碍事。①

　　撇开自我宣称的"当代"不谈，各种技术和手段的发达更新的
确也产生了相应的需求和审美，甚至改变了对艺术的既定看法。比
如，AI，也就是所谓人工智能能够自动生成各种艺术作品，于是也
就引起了各种争论，而争论的焦点就在于 AI 艺术是不是艺术。认
为是艺术的观点免不了把 AI 艺术和既定的艺术相比较，比如就有
观点认为，AI 绘画也具备人工绘画的基本要素，包括思想、创意、
构思、创新性等。② 其实，这里的问题并不在于 AI 艺术是不是艺术，
而在于比较的参照不合适，因为如果事物是在不断进步的，新的东
西就没有必要用既有的标准来判定它的性质或衡量它的好坏。然而
正因如此，信仰与预言的关联形态才可以作为普遍的根据。比如，
所谓的科幻艺术更多具有游戏娱乐的特征，而艺术治疗更多是作为
医疗辅助工具来运用的技术。这些称为"艺术"的东西和行为都具
有相应的审美因素，甚至就是以这些审美因素来发挥作用的。但它
们的共同特征恰恰也是信仰与预言的分离，或者说是相应关联形态
的离散，尽管它们并不一定都要造出丑来。

---

　　①　孙津：《价值自贬与自我溃灭》，载《中国美术报》2017 年 7 月 10 日第 10 版。
　　②　一山：《AI 生成艺术是人类艺术文明的一大进步》，载《中国美术报》2023 年第
7 期，第 7 版。

事实上，正是在同样具有强烈情感冲击的意义上，丑也是美学性的。粗略地说，丑就是那种能够引起人们不舒服的感觉的东西，包括惊悚、恶心、哭叫以及脏、乱、差等。它们不是量的不完整，而是没有或缺少美丽或优美的特征。因此，丑实际上就是信仰与预言相矛盾、至少是不一致的时候给人的感觉，当然，之所以会有这种感觉，表明在相应的时空很可能有被判定为"丑"的东西的存在。从这个意义上讲，无论丑的东西还是关于丑的审美感觉或体验，它们本身往往就是信仰和预言的矛盾关联形态。之所以说"往往"，在于离开真实的存在对象也可以通过想象"看见"丑的东西，比如妖魔鬼怪、灵异时空，或者"感知"到丑本身，也就是引起不舒服感的"原因"。

4. 负责

这里的负责，是指对所有的自由状态负责，因为这种负责是信仰与预言关联形态的功能保证。自由状态就是完美，无论更多心理特征的惆怅、崇高，还是更多感性反应的丑，其自由实现的状态都可能是完美的。因此，尽管审美活动主要是在感性层面进行的，但不管审美主体自觉到与否，真实的或者说有意义的审美总是负责任的，也就是以相信什么为前提或基础的。即使在审美活动开始的时候主体是无意识的，而且事实上往往也就是如此，不过一旦审美成立，审美主体就不由自主地自觉起来。这种自觉的意思在于，或者调动已有的知识和经验，或者被感知对象或境况激发出某种投入或参与的愿望及行为。正是从这个意义上讲，所谓作为审美范畴和相应类型的"负责"，指的就是信仰与预言关联形态中预言大于信仰的境况，包括感觉、体验、认知、思考、行为。

当然，人们可以通过学习、训练甚至修炼等方式来理解、领悟、体验、运作自由状态，但是天才的把握方式是直觉性的。比如，塑型美的东西，天才的作品是有生命力的，仿佛是一件活物在自然地展示自己，而非天才的作品，即使出自技法最高超的艺术家之手，也还是一件人造的对象性东西，没有、至少是很难让人感觉到生命力。在这里，"直觉"指的就是美和自由状态的同一性，所以任何环节都不留痕迹，好像不假思索、甚至也没有经由任何认知过程就直接达致目的或效果似的。因此，或许真的有与生俱来的天才，不过这里指的是超出一般人或凡人的某种能力，它不仅是真实可感的，更是由对自由状态负责的方式和效果来显现或体现的，而不是毫无根据地吹捧、钦点、供奉、推崇出来的。

最大的负责来自信仰，所以审美活动的实践本身成了预言。比如，达维特的画作就是美术史上比较著名的预言实例。1784 年到 1785 年，达维特创作了油画作品《贺拉斯三兄弟的宣誓》，法国大革命开始后，参议员杜布瓦－克朗塞（Edmond-Louis Alexis Dubois-Crancé）在雅各宾俱乐部的一次演讲中，说达维特的这幅画预言了稍后的法国大革命，因为画作表达并激励了向往自由的灵魂。为此，革命的第三等级后来又让达维特承接了表现 1789 年 6 月 20 日在凡尔赛的一个网球场召开会议的绘画创作。还有丢勒为《启示录》所作的 15 幅木版画插图，也被认为是预示了后来的宗教改革。1498 年，丢勒以书籍的方式出版了这些插图，表现了精神领袖以其虚伪背叛了世界，整个社会充斥着物欲主义堕落，于是上帝派来四骑士，对人间进行无差别的血与火的洗礼，以图重生。

但是，前面说过，预言不是算命，而是与所谓的规律或神明对话，所以负责把预言作为实践就是一种示范。这种情况的审美特性在于，信仰的存在不仅不应该遏制想象力，相反要能够给想象力提供动力和保证。不难理解，如果简单地或者说附会式地把某些现象或艺术作品当成预言，只会减损想象力，但是这里的道理并不仅在于个人的负责与否，更重要的是社会性的因素在起作用。单调的现实和衰落的时代造成了想象力的贫乏，但丰富的想象力并不只是被动地等待"好时候"，它也能够启示、促成现实的改变，迎来"好时候"。这种启示、促成、甚至创造，就是对于预言对信仰的兑现的主动负责，而各种审美状况和效果就展现或体现为相应兑现和负责的关联形态。

理论上讲，责任就是分内的事，而且在实践中，任何人做任何事也几乎总有相应的责任。但是，判定或认可什么是"分内"的根据并不一样，所以相应负责的根据也不一样，比如遵从、寻利、甚至被迫。最根本和最具普遍性的根据，应该是信仰，因为信仰是对某种东西，包括人、观念、物以及神秘的极度相信，以至于将此作为自己行为的准则，甚至目的和价值之所在。从这个意义上讲，负责应该是信仰的要求和结果，所以有更多实践的特征。在这种情况下，由于审美本身的非对象性关照（以及沉思、聆听等）特征，它们作为实践往往更容易使预言作为真实的活动走到台前，一方面隐

去了信仰的内容，另一方面使得对信仰的负责无缝隙地成为预言的
兑现形式。

　　比如，参观某个博物馆、展览馆或画廊，或者去听某场音乐会，
不同的展品类别和音乐会主题及形式潜在地规定了负责的对象和内
容。不难理解，看一个抽象派的画展和现实主义的画展，听一场古
典交响乐演出和流行歌曲演唱会，从一开始的预期、欣赏的过程，
直至最终的感受都不一样。这些不一样看起来是艺术类别、样式以
及各人审美能力和趣味的特征表现，然而之所以能够这样，却是由
对信仰和预言的关联形态的负责来支撑的。换句话说，每个人是以
不同的态度和能力作为预言的实践者的，而之所以愿意、甚至不得
不这样做，只是因为负责本身已经以某种集体无意识的方式，成为
或替代了信仰。前述所谓隐去了信仰的内容，指的就是这个意思。
但是，不管是具体的审美活动，还是不同的参与者，它们（或他们）
所具有的共同特征，才是预言作为实践兑现信仰的地方，即预期、
意外、接受或评价。

　　所谓预期，就是在打算看展览、听音乐会之前对这些活动目的
的猜测，比如作为最新考古成就的出土文物究竟是什么样、新生的
歌星实力如何等。这种预期之所以可能，并不在于审美一定要有相
应的目的，而是由于人总是已经积累了一些知识和经验，所以总是
自觉不自觉地将此与将要实施的行为作比较。但是，不管做了什么
预期和心理准备，实际参与审美活动时难免会出现没有想到的内容
和效果，甚至这种情况总是会发生的，因为参与者并不事先知道展
览或音乐会的实际状况。事实上，如果相应的意外是一种惊喜或收

获，这恰恰是审美活动成功的地方。至于接受或评价，主要是指一种自然形成的习惯，也就是不管自觉或自愿与否，一个人去看展览或听音乐会这个行为就意味着对相应审美安排或设置的接受。这种接受就是一种负责，当然也就包括对于接受对象的内容、形式、特点、效果等方面的评价。

看展览、听音乐会只是比较典型的实例，所以用它们来说明预言本身成为信仰的兑现比较方便，实际上这种负责的审美也是无处不在的。任何展览，比如博物、考古、历史、美术、主题宣传教育等，总是要"布置"得让人愿意甚至喜欢过去观看。这个"布置"就是负责，就是预言对信仰的兑现，就是产生并承载信仰与预言关联形态的自由状态的美。其实在几乎所有的领域、方面以及活动中，追求美，也就是对好看、好听、完善、整体等各种被称作美感的效果的追求都是不可或缺的，甚至可以说这种追求已经成为人的社会性本能，所以也是一种能够被学习的示范性或展示性实践。

事实上，最基本也最普遍的社会活动就是告诉别人什么，但正是在这方面，几乎所有的信息传达方式或形态都不是最简约的，而是附加了各种"布置"。这样做的原因，就是为了让人觉得美，或者说用美来吸引人们的关注。各种艺术活动的审美特性自不必说，各种展览和宣传以及广告也都要尽可能打扮得美一些，就连最为枯燥的公文和法律文书，也还是少不了格式、版饰、装帧之类的美的形式。正如马克思说过的，"人也按照美的规律来构造"，而且"如

果你想得到艺术的享受，那你就必须是一个有艺术修养的人"。^①
因此，俗话所谓"爱美之心人皆有之"只说对了一半，而且是表面
现象的那一半，还有表示本质特性的另一半在于，爱美是作为负责
任的态度和欲求为实践赋予的各种自由状态。

5. 小结

如果说，每个人不管自觉与否，都随时随地处于由想象与现实
的关联形态构成的境况中，那么，人类社会审美活动的内在根据主
要是由信仰与预言的关联形态支撑的。这里的信仰是指把对某个东
西的相信本身当成了存在和行为的根据，所以具有规定性，而预言
则是指把某种意愿或理想作为替代规律的实践，所以具有示范性。
因此，人总是或潜在或明示地具有某种信仰，而信仰的对象或内容
可以是任何东西，比如宗教、自然、主义、个人等，对信仰的负责
使得预言成为兑现信仰的实践。针对负责及相应兑现的不同关联形
态，生成不同的审美体验，包括相应的审美对象、内容、形式、效
果等。

信仰与预言的不同的关联形态，产生出不同的美学范畴，比如
惆怅、崇高、丑以及负责，而且这些范畴也表示了最重要的一些审

---

① 马克思：《马克思恩格斯文集》第 1 卷，北京，人民出版社 2009 年版，第 163、
247 页。朱光潜把这里的"构造"翻译成"制造"，似乎更加突出了审美的创造特征，见
程代熙编：《马克思〈手稿〉中的美学思想讨论集》，西安，陕西人民出版社 1983 年版，
第 13 页。

美类型。相对来说，惆怅是信仰和预言的合一或同一，但具体内容和含义却说不清楚，仿佛只是某种有意味的心绪。崇高是信仰大于预言，但不放弃一切可能的预言，所以内容肯定，含义清楚。丑是信仰和预言的不一致或矛盾，但丑也能将信仰和预言分离开来，各自作相应的表现。负责是预言大于信仰，所以更多实践的示范特征，并由于负责任的爱美态度和欲求而具有相应的自由状态。

惆怅是一种意境，当时说不清楚的心绪和情感，往往会在以后的情景和活动中明晰。产生这种情况原因，很可能在于人们对信仰与预言的一致性的好奇和期盼，所以总能碰到按自己的意愿理解或解释惆怅的时候或机遇。把信仰本身作为根据表明了某种很高的境界，所以当信仰大于（或高于、重要于）预言的时候，就很容易产生崇高感，而相应的特征则是无条件地投入和奉献，或者说献身精神。丑之所以也是美学性的事物、现象、行为、特征，在于它具有强烈的情感冲击力，而其突出的审美特征，就在于把丑本身作为吸引力或诱惑力，使得人不得不去关照那些明知道会引起人们不舒服的东西。人类的爱美已经成文文化本能，所以对美的预期、安置、接受、评判就以集体无意识的方式成了对于美本身的负责，相应地也就把负责的实践当成或替代了信仰。

第四章　批评与欣赏

经常会听到这样的议论，就是认为批评家只会对作家或艺术家的作品说三道四，自己却不会创作。同样，作家或艺术家表面上谦虚，说自己只会搞创作，不懂批评，实际上是瞧不起专做批评的人。不管是否存在谁瞧不起谁的问题，至少这些看法其实是把批评和文学艺术创作割裂开了。真实的情况是，批评和创作是一体的，创作者，也就是作家或艺术家首先要构思自己的作品，创作过程中还免不了反复修改，而所有这些不仅都需要批评，甚至就是批评本身，不管创作者是否自觉认识到这一点。当然，创作者的批评更多表现为欣赏，也就是在整个创作过程中随时关注自己作品的审美水准。换句话说，虽然批评看起来是一项专业，但作为无处不在的态度，欣赏不仅以作品为对象，而且还以批评为对象，甚至包含着批评的因素。

上述情况是针对文学艺术作品的批评和欣赏说的，不过这样做只是因为文学艺术的审美性质更加典型，特征更加突出，而现实是上一章已经提到过的审美活动无处不在。因此，至少从逻辑上讲，不仅在文学艺术领域或方面，所有审美活动都离不开批评与欣赏的参与和作用。既然是参与和作用，它们就是与审美对象或内容（比如文学艺术作品、自然景色等）相对独立的活动，而如果这种情况也有相应的理论体系的话，那么它的基本结构正是由批评与欣赏的关联形态构成的。对于这一事实和逻辑的理解和阐释包括三个关系方面，即批评的对象、理解与欣赏以及批评意识与标准的构成或形成。这样讲的根据在于，其一，批评在形式上是对象性的，包括自我批评；其二，总要有某种意识、包括欣赏需求来发起批评，或者说作为进行批评的动力；其三，与批评直接关联的欣赏总是以某种程度的理解为基础的，而它们作为通行的话语或多或少是规范性的；其四，所以必然会有相应的参照或衡量标准，而且它就是批评、欣赏、理解以及整个审美过程得以进行的必要前提和基本要求。

1. 批评的对象

所谓批评，并不是指出和批判某种错误，而是指关于美学和文学艺术的思想、理论、流派以及具体的文学艺术作品的看法，因为这些都是人所制造出来的东西，所以必然会有相应的争议和导向，尤其是提出和制定相应的标准。如果是自然的物体和景象，各种看法只是一种评价，对与不对、有没有导向和标准都是无所谓的，尽管也能够根据某些标准来对自然的审美进行欣赏和评价。至于不是文学艺术的东西或现象，比如演讲报告、标语口号、酒肉饭菜、建筑工地、生态环境等，也可以根据它们所具有或暗含的美学因素而成为批评对象。换句话说，它们或者它们其中的哪些部分或方面能否成为批评的对象，主要依据批评主体的需要以及对这些方面或因素的看法和运用而定。

在文艺理论界，曾经有人喜欢把批评分成"本体论批评"和"主体论批评"两种类型，不过按照更为普遍的说法，前者叫作"客观的批评"，后者叫作"主观的批评"。这两种说法都有道理，但都没有完整地说明批评的对象，因为这种对象并不是静止的，而是变动的过程，或者说是在与批评的关联中生成的。换句话说，即便批评可以根据性质或方法不同而分成两种思路或走向，真实的观念内容也应该是这种双向的相应同构状态。因此，至少由于它们的同构就可能产生或形成另外的某方或某向，不仅"双向"是不够用和不真实的，而且批评的内容和方式应该也都是由各种因素综合构成的，所以也可以叫作多向同构。①

其实，之所以在批评的对象方面会有本体或客观、主体或主观的说法，在于思维方式上的习惯格局，即所谓"客观规律"的一元论。这种思维方式认定，有一条不以人的主观意志为转移的客观规律，它不仅存在着，而且以人的活动是否与它相符合或相适应来规定人的命运，也就是事情的成败。当然，唯物主义也是这样看问题的，但这仅限于对思维与存在哪个是第一性的判定，并不等于确立了客观规律的存在，也没有表明客观规律的存在对于其他具体的存在（比如思维活动）的第一性地位。因此，如果仅为了符合唯物主义而对客观规律陷入盲目性，甚至迷信，就很容易产生各种误解，

---

① 孙津：《"自由"同一说》，载《文艺理论研究》1986 年第 4 期，第 53-55 页。

比如认为有一个不以批评活动的关联形态为前提和针对的批评对象，就是这些误解中的一种。

至少从逻辑上讲，如果把具有主体意识的人的活动排除在外来谈客观规律，尤其是这个规律对人的活动的规定性，那就不仅必然要导致决定论，而且是把人对于规律的认识这一形而上的东西本体化了。因此，恰恰是上述这种对"客观规律"的看法反而更容易造成各种实用理性的工具主义，也就是不去思考批评对象的生成，而是把它当成自有规律的某种存在。这样一来，批评就是与对象存在无关的工具，批评者要考虑的只是用什么方法来使用这种工具，而且批评是否正确，或者说批评是否合理就在于方法本身是否"科学"，批评的内容反倒是无关紧要的了。

批评对象的多项同构或多种因素至少包括四个方面。第一个方面是一种整体的对象，或者说对象整体，它本身以及它的哪些部分将要作为批评的对象内容尚未形成或确定。第二个方面是任何对象成为批评对象的过程，也就是事物和观念被作为批评对象的过程，主要靠欣赏来判定哪些因素能够进入以及怎样进入批评对象。第三个方面是以不同目的进行筛选，包括美学的、艺术的、政治的、经济的等各种目的，甚至也可能是某种外在的目的，也就是与批评对象的性质没有关系的目的。第四个方面就是成为批评对象，也就是经由多重因素所形成的某种同构形态，这种同构的因素也包括批评和欣赏及其作用。

比如，当一个人去看一场话剧演出时，首先看见的是一幅整体的图景，包括场地、舞台、灯光等要素。这时候，尽管这个人可能已经听说过或知道这出戏的大致主题或内容，甚至之前就看过这出戏，但是所有这些在当下只是各种背景知识，而整体的图景才是真实的观照或审美"对象"，只不过构成这种对象的各方面因素，包括观照者或审美主体已经拥有的相应知识。换句话说，在这种整体图景和这些既有知识中，哪些方面或因素能够被选为批评对象还是待定的，或者说是不确定的。当然，观看话剧需要有一个过程，所以也可以说批评对象的待定还在于要"等待"把全剧看完。然而正因为如此，全部看完后的感受、体验、认知等结果仍然是一个整体，它以及它的哪些部分或因素能够进入或被作为确定的批评对象，也就仍需要进行筛选和比较。

上述筛选和比较可以看作确定批评对象的第二个方面，从逻辑上讲，也可以看作这种确定过程的第二个步骤。很显然，这种筛选和比较一方面就是欣赏的状态，另一方面也就规定了哪些因素能够以及怎样进入批评对象的范畴了。比如在上述观看话剧的情况中，整体图景以及全部内容和演出的任何一个方面都可以成为批评对象，不仅是剧情内容和演出技巧，包括舞台、灯光、服饰、化妆各个方面都能够独立构成批评对象。正因为如此，确定批评对象的第三个方面或步骤，就是"目的"的作用，也就是依据或为了某种目的来筛选和比较。一般来说，这种目的也是美学性的，最常见的就是通过具体的作品来证明某种美学或艺术观点的正确与否，当然也包括为了能够获得某个艺术奖项等实用性目的。不过，目的也可能是"外加"的，也就是和对象本身的艺术性或美学性的优劣高下没有内在的联系，比如"炒作"赚钱，甚至恶意打压等。事实上，不管哪一种目的，有目的本身就是确定批评对象的重要因素，尽管有时候这种目的性并不明显，或者说具体的目的并不清楚和固定。

无论从逻辑还是从经验来讲，上述三个方面在时间或过程上的确显示出先后递进的"步骤"，不过从批评对象的确定来讲，它们仍都是这种确定的各方面因素。因此，所谓确定批评对象的第四个方面，指的就是这种对象在性质上和类型上的同构形态。这个形态的特征可以叫作"自由同一"，也就是在自由的意义上讲各种因素具有相同的美学性质和运行方向。一方面，从性质上讲它们所形成的总是某种自由状态；另一方面，它们在类型上属于某种同构，即各种类型和方面都是以自由为旨归的。所谓自由状态，当然是指导论一开头就说过的"美"的没有比较级特征，所以各种东西才具有能够成为批评对象的同一根据或标准。

比如，某个小品对任何人来说都是一个现实或客观的存在对象，人们可以从任何方面对它加以评价，包括谈自己的观后感。不过，有些因素是人们所认同的审美标准，所以可以依此来评判这个小品的优劣。显然，经验告诉我们，使人发笑就是这样一个审美标准。由此，具有使人想笑的因素，或者能够引人发笑的演技，就成了相应内容、形式、表演等对象构成方面或因素的"批评性"标准。换句话说，使人发笑本身以及承载这种效果的现实或客观存在这两方面共同构成了某种批评对象。当然，尽管批评本身是美学性的，但并不等于真实的批评中只有审美或美学因素；相反，真实的批评可以包括历史、文化、政治、科技等任何因素，关键只在于它们能否在具有相同的美学性质和运行方向这个意义上成为美学性的批评。

在这种同构形态中，可能作为批评对象的各种因素并不是既定的某种存在单元，而是都按照或向着某种方向运行，也即是否以及如何朝着这种对象的范围或范畴转换的过程。因此，自由同一不管作为逻辑结构还是实践活动，批评对象本身都没有自己固定的存在位置，即使它们作为构成具体的自由同一形态的各种因素，其转换或确定为批评对象的过程也只能体现为相应运行中这些因素的相互关系。在这种情况下，抽象的观念、态度、情感以及导向性的要求都可以直接成为真实的批评对象。比如，从"文化大革命"末期到改革开放初的一段时期里，兴起了一种叫作"伤痕文学"的文学艺术现象及相应的思潮，其主要特征就是揭露、控诉和批判。这时候，对于批评对象的成立来讲，可以算作伤痕文学的那些作品具体写了什么人物和故事并不重要，重要的是否具有揭露、控诉和批判等特征。尽管具有这种特征已经成为某种公认的标准，但它们在批评视野中的重要与否以及被关注程度，也都是不确定的，或者说是依据与其他因素的相互转换关系而定的。

当我们说任何对象由于主体的意愿和需求而成为批评对象的时候，这意思绝不是指主体的任意性，也不是指批评对象形成的随意性或偶然性，而是指某种同构关系及状态。同构关系并不仅仅由主体与客体构成，至少还包括在当时的主体与客体"之前"和"之外"就已经形成的因素，而且从判断根据来讲，这些因素与主体和客体的关系，以及分别与主体和客体的关系甚至比主体与客体的关系更加重要。这样讲的道理在于，所谓"之前"和"之外"的因素不仅对于主体和客体来讲都是"第三方"，也就是能够用来对真假对错进行评判的因素，而且更在于这种"第三方"往往更具有构成对象的"批评性"的特性。比如，在上述实例中，小品的可发笑性和伤痕文学的揭露、控诉和批判等特征就属于这种"第三方"因素，而且它们本身也是变化的，也就是在更为广阔的历史和社会背景以及更加显凸的导向需要等关系中相互影响、相互转换。相对来说，可发笑性作为小品的审美或艺术特征比较固定和通行，而伤痕文学的揭露、控诉和批判等特征则更多历史状况或社会需要的针对性。至于为什么某些因素能够成为任何东西进入批评对象的根据或标准，则是后面"批评意识及标准的构成"部分要讨论的话题。

2. 理解与欣赏

如果说，批评对象的生成需要理性的判断，甚至就是一种理性本身的认知过程，那么这恰好表明，批评的美学特性不仅包括理解和欣赏两个方面，而且就是它们相互作用的结果。相对来说，理解可以看作主体对于对象的认知以及相应的目的或目标要求，而欣赏则是这种理解的批评性质，也就是为批评的美学方向提供根据和支持。从批评的对象可以看出，批评是一种美学性质的活动，然而它的相对独立性恰恰在于它能够把任何一种存在作为自己的对象。正是在这种对象的转换中，非美学性的因素和要求也才可以作为或成为批评自身的构成因素，比如各种导向或利益需要。因此，包括对象、方向、目的等方面的各种转换有一个共同的特征，或者更准确地说需要一个共同的运行条件。这个特征或条件就是理解，尤其是对欣赏的理解。

　　本章开头说过，欣赏包含批评的因素，甚至还会以批评为对象。不过，这种情况中的批评往往只是某些并不明确的因素，而且更多是从属于欣赏需要的，还不是独立意义上的批评。另外，过去或"已经"作出的批评，由于它说的是关于艺术的东西，所以也可能成为某种欣赏因素。比如，当某人欣赏一幅画作的时候，他的判断依据或标准是多方面的，其中就有批评的因素，尽管他可能并没有明确意识到。这样讲的根据至少可以从两种情况得到说明。其一，他可能什么也没考虑，只凭观看就从这幅画作中直接感受到某种审美体验，但是，只要这个人接受过相应的教育，或者作为成年人总有一些生活经历，那么他的所谓直觉或多或少仍是由这些教育、经历为基础的。其二，这个人可能具有一些相关的书本知识，包括阅读过一些相关的批评，或者自己也会画画，甚至只是画展看得多了，这样在他看到一幅画作的时候就会自觉不自觉地把这些知识、技艺、批评、经验作为欣赏的根据或参考，甚至把它们用来和该幅画作进行比较，从而判断画作在美学或艺术方面的优劣高下。

　　在上述两种情况中，欣赏所运用的根据或标准就是批评，也就是各种看法，而欣赏者几乎很难一点儿看法也没有。但是，这些看法不管是前人有过的、观画者自己生出的，还是两者结合在一起的，在欣赏中都只是为了欣赏而支持欣赏活动的各种因素。换句话说，欣赏者并没有把这些看法单独整理出来，并且为了相应看法的独立存在而把这个或这些看法告诉别人。这个"告诉"才是批评，也就是"看法"的传播或交流，而为了"别人"能够知道所要告诉的内容或意义，才是批评成立的前提和需要。显然，为了达致这种批评的独立，就需要把欣赏整理转换成相应的道理，从而可以用最为通行的方式表达出来，传递给其他人。这种最通用的方式就是言语，而对于任何事物或对象，言语既是它们得以被理解的基础，也是理解了它们的结果表达。从此意义上讲，作为一种相对独立的活动，批评就是经由欣赏的理解，或者说欣赏和理解相互转换的言语形式。

从经验的层面来讲，人们可以欣赏而不必理解，但几乎不可能理解而不包含欣赏的因素，尽管这种欣赏也包括不欣赏甚至反感，因为这恰恰是在对比了已经认可了的欣赏标准得出的结果。一般说来，不理解的欣赏有两种情况，一种是没有按照专业的或一般的常识来欣赏，另一种是没有自觉运用，或没有察觉到理解。其实，这两种情况就是一般常说的审美感觉，也就是所谓把理性隐退到后面，好像直接或不假思索地获得某种情感体验，或者如第二章说过的那种情感外溢。但是，理性隐退到后面这种情况并不等于对对象一无所知，更不等于不能够具有对于理解的认识，而这往往还需要经由论理或推论。因此，不管理解得对不对，理解本身必然已经包含欣赏，而从批评的相对独立来讲，欣赏本身就是一种理解形式。

理解当然也就是一种知道，不过这种知道并不等于纯粹认知意义上的弄明白了什么道理，而更多是对于作为承载批评对象的"内容"的了解。尤其是对于小说、戏剧这样的故事性艺术样式，几乎不可能不了解这个故事的人物和情节，哪怕只是大致了解或只了解某一部分，就能够有完整的欣赏结果。但是，理解和欣赏在审美和批评的过程上并没有固定的先后顺序，可以先理解后欣赏，也可以反过来，但更可能的情况应该是不分先后，而是相互影响和支撑。因此，尽管理解和欣赏不是同一种行为，而且即使在真实的过程中存在理解和欣赏的先后不同情况，这些对于二者的关系也都没有实质性的影响，或者说理解和欣赏的顺序本身对于批评的独立性是没有意义的。

所谓批评的独立性，当然是指批评作为美学性质的看法，所以理解和欣赏的相对区分恰恰表明，作为批评的看法是整体性的，也就是可以从各种角度，运用各种因素，把它们整合进某种具有体系性质的美学看法中。在这方面，一个著名的实例是恩格斯给玛·哈克奈斯的信。恩格斯在谈到她写的小说《城市姑娘》时指出，他并不要求作者去写那种表达进步思想的所谓"倾向小说"，但还是需要把故事的真实状况写出来。恩格斯认为哈克奈斯确实塑造了某些典型人物，但放在她所描写的环境中及其他们的行动中就不那么典型了。为此，恩格斯以巴尔扎克为例，说虽然巴尔扎克是个"保皇派"，但是他准确地描写了当时的社会各个方面，让故事本身呈现出他不愿意看到的真相，及贵族灭亡的必然性。① 这一比较的合理性和真实性充分表明，理解和欣赏在批评中是一个整体，整合出并统辖着特定的美学内容或审美特征。

根据同样的原则，恩格斯对敏·考茨基的两本小说《旧和新》

---

① 恩格斯:《马克思恩格斯选集》第 4 卷，北京，人民出版社 1972 年版，第 461-463 页。

《格里兰霍夫的斯蒂凡》作了批评。他说自己绝不反对倾向诗本身，但认为倾向应当从场面和情节中自然而然地流露出来，而恰恰在这里，考茨基只顾讲原则，牺牲了人物的个性，也没有写出典型环境中的典型人物。在批评斐·拉萨尔的剧本《弗兰茨·冯·济金根》时，恩格斯表达了同样的观点，认为不能为了观念的东西而忘掉现实主义的东西，也就是人物性格不仅表现在他做什么，而且表现在他怎样做。恩格斯还说，他是从美学观点和历史观点这种最高的标准来衡量拉萨尔的作品的，而拉萨尔恰恰由于这两方面观点的不正确或模糊不清，所以忽略了剧本内容本应该有的真正的悲剧冲突，即历史的必然要求和这个要求的实际上不可能实现之间的悲剧性冲突。[1] 马克思对《弗兰茨·冯·济金根》的看法和恩格斯完全一致，但进一步指出，拉萨尔想表现 1848—1849 年德国革命政党必然灭亡的悲剧性冲突，但他选择的核心人物济金根却是个代表垂死阶级的封建骑士的典型，因此不仅违反了历史真实，也无法实现本来应有的政治倾向。[2]

在真实的批评实践中，理解和欣赏的整体性至少包括三层含义。其一，批评家不仅理解了批评对象的内容，而且以自己的知识和见解，把这些内容与内容所处的社会环境、历史条件等因素作为一个整体加以分析。在这个意义上，批评所理解的是作者或艺术家的创

① 恩格斯：《马克思恩格斯选集》第 4 卷，北京，人民出版社 1972 年版，第 453-454、342-347 页。

② 马克思：《马克思恩格斯选集》第 4 卷，北京，人民出版社 1972 年版，第 339-340 页。

作能力和欣赏水准。其二，作者或艺术家总是在自己的理解能力所及的地方来创作的，但是，如果他的欣赏水准比较高，或者按一般的说法，具有所谓符合艺术规律的才气，就有可能创作出他自己并没有看出或没有预先设计的更好的东西来。其三，包括理解和欣赏所涉及的各种因素都可以进入批评，而且批评也需要从尽可能全面的角度考虑问题，但所有这些做法都必须结合美学的特性加以整合，否则就很容易成为一般指责或纠错的批评，甚至是政治或意识形态批评了，比如指出别人的错误、要求别人改过自新等。

因此，理解与欣赏在批评中的整体关系是以它们自身的丰富性为根据的。对此，英国学者柏西·布克（Percy C.Buck）有过很精当的阐释。他认为"欣赏就是把接受性想象应用到任何事物"，但是，欣赏也有若干高低层次，比如天然的、理智的、评论性的等。天然的欣赏处于感性阶段，理智的欣赏就需要判断了，而评论性欣赏不仅包含前两个阶段的活动，其不可争议的地位还在于它是一种对价值的兑现，以及要求和共鸣。正因为如此，理解尽管必要，或者说是提升欣赏水平的前提条件和重要方式，但我们并不能、也从来不是去"理解"艺术。这样讲的根据在于，艺术本身包括情感，而一旦进入理解层次，它的对象及相应的内容就是与艺术相对分离的观点、看法或道理了。不过，情感也是批评的对象，所以批评可以通过对情感的分析，使欣赏经由理解达到更高水平的欣赏，也就

是来自或结合了想象及其更高级的价值判断基础上的欣赏。^①

从更深的层面来讲，理解与欣赏的关系所揭示的应该是某种思维形式，这样讲的根据至少在于理解与欣赏把逻辑思维和所谓形象思维结合到一起了。但是在今天，由于科学技术，比如脑科学及相应技术的发达，理解与欣赏不仅可以分开来研究，而且可以各司其职地独立完成艺术创作。比如，人工智能就是一种理解，但至少就现在的技术水平来讲，这种理解在本质上和形式上都只是数据和程序，而不是相应的内容和意义。由此，人工智能凭借它的理解方式，把理解与欣赏分离开了，或者说，在人工智能进行艺术创作的时候，理解的成分远远大于欣赏的成分。之所以说人工智能也能进行艺术创作，在于它能够制作情感，也就是和前述所谓的情感外溢特征并不矛盾。然而另一方面，这种区分或分离使得理解与欣赏，或者说科学与艺术的互动本身就成为一种思维方式，即以目的或需要作为思维方进行选择的重要、甚至唯一标准。

比如，就当今科学技术的发展趋势以及相应的利益驱动来看，人类所有的劳动都将由机器代替，尤其是人工智能，而且所有机器也都将由人工智能操作。不仅如此，艺术也可以脱离欣赏而成为某种技术，因为专业艺术家的创作也可以由人工智能的技术替代，逻辑思维同样可以运作形象思维。由此，艺术也就成了科学和技术，二者之间没有界限。在这种情况下，手工劳动就会成为真正的艺术

① ［英］柏西·布克：《音乐家心理学》，金士铭译，景霭、陈仲庚校，北京，人民音乐出版社1982年版，第103-108页。

和审美欣赏，但手工劳动本身的存在形态却是欣赏大于理解，也就是仍然把理解与欣赏相分离，只不过是把欣赏当成了第一需要。换句话说，人工智能解放了人的对象性劳动，但却把闲暇或自由时间无限扩大了，以至于任何事物和行为都只能经由、甚至依赖欣赏才成为人自己的选择，所以欣赏实际上成了闲暇或自由时间本身最重要和最普遍的形式。

上述科学技术对理解与欣赏的影响和改变作用并不是一种提前展望，而是身边的事实，其中最重要的和最具代表性的现象，就是语言的人工智能化，包括用相应的软件程序，比如所谓用"生成式预训练转化器"（即 ChatGpt）构思和撰写各种"文章"。对于理解与欣赏在批评中的整体联系来讲，这类软件是否具有思维功能并不重要，重要的是人工智能在用"语言"进行创作这个事实。这个事实表明，相应的软件和程序意味着一种全新的整合方式，即艺术的直接性，或者反过来说，任何语言都可以直接作为艺术。

人工智能带来的这种艺术创作的直接性，不由得使我们想起克罗齐美学思想的一个基本和核心观点，即语言本身就是艺术，而艺术的特征在于直觉，其性质则是表现。[1]克罗齐也许不是为了预言今天的情况，人工智能当然也谈不上什么直觉，不过当欣赏充斥或承载了闲暇或自由时间的形式和意义的时候，一切不过就都是时间本身的直觉表现。换句话说，下述各种情况都将是合理的和真实的：

---

① 孙津:《表现主义美学》，载《现代西方美学》，北京，人民美术出版社 2001 年版，第 43-50 页。

艺术创作可以由人的头脑和手工完成，也可以由电脑和机器来制作；理解和欣赏可以结合为一体，也可以相互分离；作品可以有内容、也可以没有内容；欣赏者可以理解，也可以不理解作品的内容；批评家可以有自己的看法，也可以没有自己的看法或任何看法；甚至所有各方都可以保持沉默，也都可以随便乱说。

3. 批评意识及标准的构成

从实践的一般形式来讲，理解与欣赏的相互作用和相互转化的过程就是批评。但是，人们尽可以对文艺作品进行欣赏，为什么一定要批评呢？答案很简单，即所有人都有批评意识，尽管所谓天生才气和教育训练所占的比例大小不同，美学水准的优劣高低也不同。因此，所谓批评意识的"意识"并不是严格心理学意义上的意识，而是说，相对批评总是真实的或可知可感的活动，批评意识则是人必然具有的需要或要求表达看法的欲望。当然，这种"看法"的性质是美学性的，也就是针对艺术作品的，尽管看法的形成和运用可以，而且往往总是兼容和整合包括非美学性的其他各种因素。

之所以说是必然的欲望，在于不仅艺术创作是一种虚构，特定的批评本身也是一种虚构，也就是以批评者的态度来给出被批评对象以及某个特定批评活动本身的艺术特性和美学特征。因此，无论创作还是欣赏，艺术活动的中人总是以批评的态度看待事物，并且在批评中建构出他的对象和行为内容，而且只能这样艺术才是人自己的艺术。换句话说，艺术作为人的一种本性，使人不断地追求自由实现的最完满形态。因此，艺术的性质也就意味着人总是以批评的眼光审视每一种可能的局限，以图找到打破这种局限的最佳和最具特征化的方式。在此意义上讲，批评不仅是人的自由意识表现最为典型的活动形态，而且这种特性甚至比在创作方面的表现更为突出。

在本章的开头我们说过，作家和艺术家的创作过程总是伴随着相应的理解、欣赏和批评，现在可以进一步指出，所有创作都是以批评意识为前提的。这个前提针对的就是艺术特性的生成，所以把批评意识和艺术创作做时间上先后顺序的排列是没有意义的，尽管在真实的创作和批评中可能会有这种先后之分。从性质上讲，批评意识是包括欣赏和创作的一切艺术活动的前提，因为特定的艺术活动是由于潜在的和明确的批评意识才成为或被当成它所是的那种活动的。换句话说，尽管艺术创作不一定都是批评意识的结果，但它一定或只能依靠批评意识而具有了自己的艺术定性。事实上，批评意识无处不在地维系着艺术活动的进行，所以可以将此看成是人类艺术活动自身的一种内在规律，并由此才体现出或确证了批评与创作（包括理解和欣赏）在结构上的整体性。

既然批评意识是艺术活动定性的前提，那么批评意识一定也包含了这种定性本身的变化，而且事实上对于艺术定性的看法本来就不是固定不变的。因此，从范畴的意义上讲，批评意识的普遍适用性要求批评乃至整个艺术活动选择某种标准比较宽泛的批评意识。这种要求其实就是人们常说的历史性、美学性和时代性，既能够敏锐地、甚至提前看出各种新的变化，又要对这些变化做出合理的解释，甚至提出能够得到认同的导引。无论从逻辑还是现实来讲，批评意识本身的包容性和拓展力，使得它不仅能够反映和适应各种变化，而且能够影响和引导这些变化。正是由于批评意识的这些特性或功能，给了具体的批评相应的根据，或者说使得具体的批评总是在某种"标准"的意义上进行的。

事实上，标准就是批评得以运用的最基本工具，因为不管什么批评，也不论具体批评中的内容或观点如何，只要不是自言自语地乱说，就必须具有各方都能够"懂得"的话语根据。比如，尽管批评界对于"悲剧"的含义理解不完全一样，但几乎没有人怀疑有真实的悲剧存在，以及悲剧作为一个美学概念或范畴的大致适用域。这种话语根据就是一种规范，它的运用就总是在制定标准。这样说来，作为批评自身特性的标准就可以叫作"标准的标准"，它的真实含义是标准的合理性，就是说，要使批评标准成为合理，必须有一个终极的根据。终极根据的含义并不意味着可以从具体的艺术活动中归纳出批评的标准，这不仅因为归纳本身的局限使得批评的标准无法得到盖然性的证明，更因为如果归纳的程度越高，反而会在事实上增加了极端相对主义的无限可能，从而使标准成为无意义。

由此，真实的批评标准只有一种生成可能，就是在某个历史阶段或时期能够使人们在"懂得"的意义上相互沟通交流的话语根据。这些根据就是构成批评标准的因素，而具体的批评可以根据相应的意识、意愿或目的，选择性地组合、运用这些因素，并且可能生成新的因素，淘汰既有的因素。因此，构成批评标准的因素并不是一成不变，好像某些现成的使用工具一样，而是在与批评主体互动过程中显现出各自特定的功能，所以批评的"构成"因素也可以叫作

"形成"因素。正因为如此，现实中批评标准的构成因素很多，而且具体的批评使用哪些标准以及这些标准构成都是可以视情况而定的。但是，这种情况只是批评在实践层面的形式特征之一，而之所以能够这样恰恰是因为有着普遍的和能够决定批评性质的标准构成因素。显然，这后一种因素就是针对前述"标准的标准"而言的，它们不仅以自己的普遍合理性支撑其他的或具体的因素的运用，而且也更具有相对的稳定性和长期性。大致来说，这些作为"标准的标准"的构成因素主要有四个，即权威、经典、习惯和新奇。

首先，最常见，也是能力最大的标准因素，就是权威，因为从最一般的意义上讲，权威就是能够让大家都认同、甚至遵从的能力。不过，这里所谓的权威并不需要这种程度或刚性的能力；相反，批评对于权威的认同并不等于完全同意，而只是指总是有各方都愿意或能够接受的某种话语形式。比如，当一个人说红色表示热烈的时候，基本上不会有人反对，更不会说红色表示冷淡。至于说权威的这种能力是从哪里来的，或者说某一方为什么能够具有这种能力，答案很可能是多方面的，比如来自专业知识、学术水平、学界声望、经济利益、政治地位等。然而不管来自哪里，权威作为标准构成因素的终极原因，在于人们总是要认同、听从甚至服从某个或某些什么说法或看法，真实的批评才可能进行。其实，这种情况也就是批评同时就总是在立标准、定规范的根本原因。换句话说，标准的构成因素之一就是权威，而权威的形式特征就是标准化。在这种相互依赖中，权威作为标准构成因素的实际意义，在于提供批评本身自由与否，以及是否具有自由形态的评判依据。

　　因此，尽管批评标准不是固化的，批评的内容也不相同，但真实的批评只能在相同或相近水平的标准上进行，也就是都作为权威或者为了成为权威的争论。撇开"外在"的，比如政治、经济等方面的权威因素的可能影响甚至干扰，批评本身或领域比较突出也是比较普遍的权威，就是门户或流派。门户和流派一方面作为权威的主要支撑之一而成为批评标准重要的构成因素，另一方面则就是一种标准本身。门户或流派不仅具有权威性，而且这种权威主要来自不同的学术观点以及学术特权或地位，所以它们之间的区别和边线才可能就是相应的批评标准。然而正因为如此，门户之见和流派之争所起的作用才既有积极的一面，也有消极的一面。所谓积极，主要是指知识性的传承和训练，以及新理论和观点的推出，而消极则是指故步自封，排斥异己。不过，也有一种情况是门户或流派的边界不清楚，所以它们作为标准的实际含义也就不明确，当然从另一方面讲也可能更具有包容性。比如，某个人师从不同的老师，就容易出现跨门户和流派的现象。又比如所谓现代派以及当代艺术，它们的边界都不清楚，而且艺术家们很可能是刻意这样做的，相应地，它们能否成为权威也就具有很大的偶然性。

　　第二，经典意味着评价标准中的没有比较级，也就是最好意义上的独一无二。当然，经典可能由于权威的意见而成立，但在大多数情况下，经典的形成是由于自己的实力，而且往往还要经过一段为时不短的实践检验和被认可的过程。不过，成为经典的作品绝大多数都会一直保持下去，尽管当下的人对它们已不再感兴趣，也不会否定它们的经典地位。因此，尽管经典的产生可能有各种原因，但经典本身作为标准是由于它体现了某种合理性，所以具有批评根据的终极性。在这个意义上讲，甚至与审美和艺术没有直接关系的因素，也可以在经典的意义上成为标准。比如，某场舞蹈表演的演员都是残疾人，那么身体缺陷就是这场或这类演出的标准之一，而且作为与艺术没有直接关系、甚至完全没有关系的因素，这个标准是唯一的或具有排他性的。但是，这场舞蹈表演同样能够成为经典，而且具有正常人表演的美学水平，也就是说，其经典的含义也可能不仅仅局限于作为残疾人表演的标准。

其实，在实际运用中，经典的真实含义主要有两个，即不可超越性和代表性。不可超越并不等于后来的人都不如以前的人，也都创作不出比以前更好的作品，而是说成为经典的成分或因素几乎是固化了的标准。因此，所谓"后来的"作品可以成为新的经典，却不存在是否"超越"了以前的经典，因为对于经典的本性来讲，"超越"与否这种说法就是没有意义的。代表性当然有出类拔萃的含义，不过更多的还是指类型而言，也就是说，某种类型作品的代表。比如，同样被冠以"现实主义"的美术作品，在不同的画家那里有着不同的美学含义和风格特征，也就是各具特色的标准代表，甚至包括相反的思想倾向或社会主张。比如，卡拉瓦乔的绘画被称为16世纪意大利北部的一种现实主义，其典型特征就是平民形象、热闹的戏剧性场景、情节和造型。但是，19世纪法国画家库尔贝的现实主义突出的则是一种"革命者"态度，其典型特征在于画家把对于自然面貌的忠实性与某种道德倾向的真实性结合在一起。因此，尽管现实主义是这两位画家经典的代表性标识或称谓，但卡拉瓦乔那种幻象式的戏剧场景，恰恰是库尔贝对于现实社会的担忧所要反对的。

如果考虑到标准运用的特定环境和条件，就不难发现经典的不可超越性和代表性可能具有的更多相对性和局限性。这样讲的根据在于，作为经典的不可超越性和代表性，或者说使某个或某类作品成为经典的不可超越性和代表性可以来自或体现在很多方面，包括艺术性的和非艺术性的因素。比如，教师、工人、农民等职业或身份都是非艺术因素，但以这些身份创作的文学艺术作品则有可能成为相应的身份类型标准。这些身份类型的作品可以产生经典，但却是一种不可复制、甚至无法参照的标准。比如，中国在 20 世纪 50 年代成立的将军业余合唱团，成员都是开国将军，1958 年国庆十周年他们在人民大会堂的演出已经成为经典，包括由 60 面红旗作为舞台背景的形式。但是很显然，这个经典几乎无法复制，甚至也无法作为标准，因为不会再有那么多将军，尤其是开国将军。当然也有例外的情况，即具有明确身份标识但却突破相应身份类型局限的作品经典，比如所谓"农民画"。不过，这种情况恰恰是因为它已经形成某种特殊的风格类型，近似于某个画种了，所以是不是农民身份的人都可以画这种风格类型的画。

第三，最为常见，但是也最为"正统"理论所忽视的标准构成因素，就是习惯。"习惯"这个词的含义很好理解，就是比较长的一个时段自然而然形成的某种规矩，你不遵守也没有什么关系，但总会觉得和周遭的环境不大协调，所以往往还是寻求改回来，顺应那些规矩。与前面那个"正统"稍作比较就不难发现，习惯其实往往都是民间的事情，也就是普通民众自然而然或不经意的审美标准。换句话说，习惯的形成更多来自民间的或一般民众的欣赏趣味以及相应的社会需要，尽管当某种习惯形成之后，各路精英也会自觉对此加以运用、利用、引导。尤其是自从新媒体出现以来，习惯甚至可以由媒体制造出来，各种广告语言的大行其道就是明证。

其实，习惯之所以能够作为标准的构成因素的最根本原因，在于大多数人的喜闻乐见，所以说是"民间"。但是，这并不等于习惯的随意性，恰恰相反，习惯形成所需要的时间本身就提供和巩固了它作为标准的资格，也就是轻易不能撼动。不过，也正因为习惯的这种历史性和被给予性，它作为标准的构成也就没有很强的刚性要求，也就是说，尽管真实的批评不可能完全忽视它的存在，但却可以有各种对待它的态度和方式，包括迎合、修改、甚至故意不理会等。比如，延安时期鲁艺的学生演出易卜生的剧作，结果老百姓不爱听，于是创作者就迎合他们的欣赏习惯或趣味创作，结果就有了大受欢迎的《兄妹开荒》《小二黑结婚》。木刻版画的黑白处理被老百姓说成阴阳脸，不好看，于是就加以修改和调整，变成以阳刻的线条为主，于是也收到极好的效果。至于油画，虽然很长时期老百姓不接受，说画面斑斑点点、麻麻癫癫，不好看，但画家也没办法，所以就干脆不理会，久而久之，老百姓也就习惯了。

习惯当然也是不断变化的，但是一个显然的情况在于，习惯变化的周期没有那么快，否则它就不叫习惯了。因此，无论习惯怎么变化，从性质上讲，习惯的存在使得或表明它足以作为批评标准的构成因素，甚至就作为标准本身，也就是说，真实的批评自觉不自觉都会以相应的习惯作为标准，尽管批评本身也能形成某种习惯。在这种情况下，习惯就不只是民间的事情，甚至也不一定能够达到喜闻乐见，而是成为抽象出来的标准本身或标准的相对稳定性。

第四，批评标准中最容易被忽略的，而且也是最具有争议的因素，就是新奇。至少从逻辑上讲，既然是新奇，当然就是指各种标新立异，而且又因为这些标新立异是刻意为之的，所以也包括否定，就是说新奇和否定都是相同性质的或类型的批评标准的构成因素。从表面上来看，追求和制造新奇是艺术创作的常态，其实不然，因为新奇和创新是两个概念。几乎所有的创新都是在已有的基础上进行理性的或者说合理的分析，从而寻求某些"更好"的东西。换句话说，再好的文学艺术作品都有自身的局限，或者说它们的没有比较级大多是已经固定了的，所以创新不过是谋求另一种没有比较级的美学境界，而不是、也没有必要否定先前作品所具有的美学特性，甚至还需要以它为创新的基础。与创新不同，新奇就是不顾一切的美学赌博，而且一心追求新奇的人往往自视很高，所以压根儿不愿意重复他人，哪怕他自己就是师从某个人才进行创作的。

不过，追求新奇之所以能够引起关注，更多的原因在于它否定的对象就是权威和经典，从而不仅使自己有可能成为标准，而且使自己也成为相应的权威和经典类型。但是，新奇几乎不可能成为习惯，这不仅因为它们变化很快，更因为它们本身是否定性的标准。这里的辩证法在于，否定尤其是针对权威和经典而言的，否则新奇就无法成立，或者说很难得到认可。因此，无论从引起关注和争论，还是从有可能得到历史认可来讲，否定所依赖的根据和所具有的观点不仅都是批评标准的因素，而且都会直接作为标准来运用。比如，印象派绘画标举自己注重光线本身的色彩和变化，而这就否定了前此各种写实绘画所谓的"原色"，因为根本不存在这种原色，所有颜色都是光在不同状况中的表现。在这种否定中，真正的新奇不是科学性的，而是美学性的，也就是一切以主体的眼光对真实的光线的感觉来定。

其实，在现实的艺术活动中，否定本身作为批评标准往往比各种肯定的或既定的标准影响更大，作用更突出，这并不是因为它的"正确"，而是因为它更能够引起关注。仅仅由于否定的本性，相应的批评就不可能或者说没有能力获得支持和成功，但是，正因为如此，否定很容易引起争论。比如，20世纪80年代中期所谓"中国画穷途末路"的说法，就引起了各种观点的争议，而相应的新标准就由这种争论中生出。新奇的另一种形式，就是事后发现，比如对于塞尚、高更画作的评价。事实上，这种所谓"身后"才被发现其艺术价值进而名声大噪的情况，不仅表明对"以前"不知道或被埋没的东西的发现就是一种新奇，而且在极大程度上还要借助甚至依赖权威的因素，也就是相应的权威性批评。从这里也可以看出，新奇不仅是标准的构成因素，而且其本身就是一种标准，新奇的作品或艺术现象也因此更有可能成为相应的经典类型。

4. 小结

从哲学角度讲，批评与欣赏最为典型地体现了问题与答案的关系特征，即批评与欣赏都是问题本身，同时也都作为问题的展开而成为有意义的答案。首先，批评是对于文学艺术活动以及与此活动相关的审美活动的"看法"，但是至少从逻辑上讲，有了批评意识才有批评，因为批评意识是人必然具有的需要，也就是要求表达这种"看法"的欲望。其次，尽管具有独立形式和相应内容的批评也把欣赏作为批评对象，但是，既然任何文学或艺术创的过程都伴随着相应的批评，也就是创作者的看法，所以从这些批评已经糅进了他们的作品来讲，批评也必然间接地或隐含地成为欣赏的对象。第三，虽然批评的范围包括文学艺术的创作、作品、欣赏、鉴赏、观点、倾向、理论、思潮、作家和艺术家、文学史和艺术史等一切文学艺术活动方面，以及其他活动中的美学因素，但是它们或者它们其中的哪些部分或方面能否成为批评的对象，主要依据批评主体的需要以及对这些方面或因素的看法和运用而定。

批评对象的形成体现为多种因素的同构过程，而这些因素至少包括四个方面，即作为整体的对象、主要由欣赏来判定的能够以及如何进入批评的对象、以不同目的进行筛选的对象，以及成为某种同构形态的批评对象。由于批评对象的生成需要理性地判断，所以批评的美学特性不仅包括理解和欣赏两个方面，而且真实的批评就是它们相互作用的结果或关联形态。从逻辑思维和所谓形象思维的结合来讲，理解与欣赏关系所揭示的应该是某种思维形式，但是科学技术，尤其是脑科学及相应技术的发达，使得理解与欣赏不仅可以分开来研究，而且可以各司其职地独立完成文学艺术创作。当人的几乎所有劳动都由人工智能和相应机器操作来代替完成的时候，手工劳动就会成为真正的艺术创作和审美欣赏，而且欣赏将成为第一需要，理解则由于自身的简单化和公开化而越来越成为不必要。

批评不仅需要运用各种大体上被认可或认同的标准，而具体的批评往往也就提出或体现了相应的标准。批评意识的产生主要靠天才，但也包括各种标准的影响和作用，因为标准是所谓后天因素的最一般性规范。由此，构成批评标准的最基本或主要因素，包括权威、经典、习惯、新奇，而它们同时也能作为批评标准本身，相互影响、相互作用。权威就是能够让大家认同的能力，尽管并不等于完全同意，但至少规范了各方都能接受的某种话语形式；经典意味着评价标准中的没有比较级，也就是"最好"意义上的独一无二，它在具有固定性和体现了某种合理性的意义上，具有批评根据的终极性；习惯是最为常见的标准构成因素，也就是大多数人的喜闻乐见，所以习惯形成所需要的时间本身就提供和巩固了它作为标准的资格，也就是轻易不能撼动和改变；新奇是批评标准中最容易被忽略的和最具有争议的因素，而它刻意的标新立异也就包括否定的成分，所以往往比各种肯定的或既定的标准更能够引起关注和争论，所以影响更大，作用也更突出。

第五章　游戏与交换

乍看起来，本章的题目即使不是在谈论、至少也会涉及艺术的起源或特性，但它真的不是这个意思，更不是关于艺术起源或特性的所谓游戏说。这里要讨论的是，从表现形式来讲，如果说，艺术具有所有游戏的普遍特征，或者说艺术也可以作为某种游戏状态，那么它到底有没有用，如果有用，这种状态能否拿来做某种交换。

艺术毫无疑问是有用的，比如格罗塞对此就说得很清楚："如果人们用于美的创造和享受的精力真是无益于生活的着实和要紧的任务，如果艺术实在不过是无谓的游戏，那么，必然淘汰必定早已灭绝了那些浪费精力于无益之事的民族，而加惠于那些有实际才能的民族；同时艺术恐怕也不能发达到现在那样的高深丰富了罢。"这是反过来追问的，接着格罗塞又从正面指出了艺术的用处："一方面，社会的艺术使各个人十分坚固而密切地跟整个社会结合起来；另一方面，个人的艺术因了个性的发展却把人们从社会的羁绊中解放出来"。① 社会的艺术使个人与社会结合起来，个人的艺术又把人从社会中解放出来，这就是艺术的作用。

　　既然有用，就可以交换，就具有交换价值。但是，游戏既是一种状态，也是各种各样的行为，所以游戏用它的什么来和什么交换并不确定，而且即便确定了交换内容，如何交换以及相应的交换具有什么价值依然是悬而未决的问题。破除这些困难的秘密在于，游戏原本就是人的一种本能，比如多余精力的释放形式，所以游戏本身也是一种权利。既然是权利，所以尽管游戏本身不需要交换，而且也没有一般产品意义上的使用价值，但作为权利却可以经由正当地运用从而具有交换的价值。在这种情况和相应过程中，被交换的东西并不是游戏作品或产品，而是游戏状态本身，比如体育比赛、观看风景等，因为它们都是一种权利。

　　游戏本身既不生产什么，也没有游戏对象的需要，但是游戏的技巧类似艺术的形式，而游戏的效果则类似审美的愉悦或娱乐。事实上，正是游戏这种非对象性的自我满足，使得游戏的权利和游戏状态的交换价值都是没有比较级的，而且它们的权利和交换关系及其相互作用所提供的，恰好就是自由状态的审美实现之所以没有比较级的根据。由此，本章的讨论主要包括三个方面，即游戏的权利、交换的正当性、没有比较级的根据。

---

　　① ［德］E. 格罗塞：《艺术的起源》，蔡暮晖译，北京，商务印书馆 1984 年版，第 239、241 页。

1. 游戏的权利

历来有很多关于艺术起源的说法，比如模仿、游戏、巫术、表现、劳动、多元决定论等，其中游戏说算是影响比较大的一种。游戏说强调了人的游戏冲动、审美自由与人性完善等各种因素或方面的重要联系，可是为什么会有游戏冲动呢？这个问题很难回答，不过也没有必要回答，因为只有当指出游戏的特性之后，游戏冲动的含义才是真实的。换句话说，能否找到游戏在起源意义上的答案，对于理解游戏，尤其是游戏的实施或参与并不是必需的。

如果要给游戏下个定义，估计很难得到一致的认同，所以比较稳妥的办法是指出游戏明显具有的某些普遍的或一般的特征。首先，游戏产生于一种自我表演的愿望，而且实现这个愿望并不需要别人同意。从这个意义上讲，游戏从性质到形态都是自我满足的。其次，如果不算游戏能够带来的审美愉悦和娱乐快感这些"好处"的话，游戏本身并不能产出物质性的利益。大致来说，这种情况也就是一般所谓的非功利性。当观看某种游戏形态需要付费的时候，这种形态虽然具有游戏的特征，但已不再作为游戏而成立，而已经属于某种商业行为，比如买票观看杂技表演。第三，游戏是精力过剩的某种宣泄，至少在绝大多数情况下是如此，因为累了、困了、饿了，没有或缺乏精力的时候，一般很少会有游戏的冲动和兴趣，甚至没有进行游戏的体力。最后，游戏愿望或冲动尽管也是一种本能，但显然不像吃、喝、拉、撒、睡那样具有极限性规律，也就是说，既不会每到一定时间就需要有一定数量的游戏，而且也不至于长期不进行游戏就会受伤甚至死亡。

就艺术作为一种游戏状态或具有游戏的一般特征来讲，自我表演这一点与艺术最为相像，也最为重要或最为关键。因此，首先，艺术的本性其实也是自我表演，只是因为有了"批评"，各种作品才显得是给"别人"看的、听的、读的，并且希望得到好评。在这个意义上讲，不仅美术、音乐、戏剧、舞蹈，甚至小说也都是自我表演。甚至，和游戏的自我满足一样，没有人观看、聆听、阅读并不妨碍文学艺术作品的成立，而且几乎所有的作家和艺术家都认为自己的作品及其表演是最好的。其次，能够带来的审美愉悦和娱乐快感不仅是各种文学艺术类型共同的特征，而且是它们的基本属性，至少是基本属性之一。从这个意义上讲，文学艺术活动尽管可以具有物质性的功利，但它只是可能的目的，而不是本质属性。第三，尽管艺术是人得以称之为人的文化属性之一，但是和游戏一样，人也不会因为缺失艺术而使自己的身体受伤甚至死去。

艺术之所以能够作为某种游戏，在于游戏所具有的上述特征在本质上是一种权利，也就是本身特有的合理性，当它涉及到与自身有关的社会性因素参与或干扰的时候，这种权利还包括合法性。其实，正是在这个意义上，动物在小时候的游戏很可能并不是为了训练捕食技巧，而是精力过剩的一种发泄，也就是没事可做，消磨时间。再说，吃草的、也就是不用捕猎的动物小时候一样喜欢游戏。在这一点上，人和动物是一样的，也就是精力过剩和消磨时间，只不过人的文化性使得原本什么用处也没有的游戏走向了陶冶心情的方向，审美也就由此产生。当然，我们做这样比较的前提，是假定动物没有或不会陶冶心情，但恰恰是这种情况表明，不管哪一种意义上的游戏，只要是出于本能或必需，就是一种权利，或者说就需要相应的权利认同来保护。

因此，所谓游戏的必然性或必需性并不在于生物性需要，而是相应权利的确定，所以完全不涉及权利的所谓纯粹的游戏是没有意义的。至于在涉及社会性（比如历史、文化、政治，甚至意识形态等）因素方面所具有的合法性，指的并不是合乎什么成文法的规定，而是某种综合性能力。这种能力的主要方面仍是游戏冲动或游戏愿望的本能特性，也就是一种无法阻遏的动力，其他方面则是对各种社会因素的运用，包括顺应、服从、调整、改变，甚至反对等能力。比如，在工作的时候不允许游戏的规定是一种社会性因素，但是可以从保护身体健康的角度，划分出相应的时间进行游戏。这个角度就是顺应和调整的能力，所以也包括把相应的游戏叫作或改为"锻炼"，比如课间操、工间操。文学艺术也是如此，可能会不允许这样那样的创作，但无法阻遏创作冲动或愿望，更不可能抛弃或消灭创作本身，所以创作总会想尽办法为自己找到出路。

但是，真正具有内在联系的权利应该是针对本能或本能性的必需而言的，而游戏的权利就是这样一种权利。相应地，游戏没有义务，因为这种义务是包含在权利里的，也就是自我表演的自为自足性。当然，我们经常使用的"权利"概念并不是这个意思，而是指公民或法人依法行使的权利和享受的利益，所以作为对此的交换或代价才会有所谓义务。比如，我们所谓的"人权"一说并不准确，因为"人权"这个词如果是有意义的就应该是相对"动物"而言的权利，所以也只能是指人和动物各自天生就具有的、但并不相同的本能的合理性和必需性。然而实际上，作为复合概念的人权中的各种权利，似乎除了"生存权"可以算作动物性的天生权利，也就是人和动物、甚至植物一样或相似的地方，其他那些人权都是后天才有的，也就是社会和国家赋予的。

因此，如果艺术是一种审美活动，那么游戏的权利所标示的就是审美的权利，也就是和游戏一样的必需性与合理性。换句话说，如果文学艺术的存在基于游戏冲动或者审美欲望，那么文学艺术一经作为一项活动确立，它们就具有了自为自足的权利。事实上，这种情况并非只限于文学艺术，从游戏的本能性和普遍性来讲，在各种被认同的活动中，最为接近游戏性质和特征的应该是体育。相对一般的游戏来讲，体育的特点在于不断追求超越身体的、甚至心理的极限，以获得越来越大、甚至最大的或顶级的荣誉。不过从本质上讲，体育也是自我表演，只是由于各种外在的社会性因素的影响和作用，体育现在已经成了供人观看的比赛，也就是把自身的表演属性的权利拿来与观看的权利交换。由此，各种外在的权利也相应地成为合法，比如用赛马、拳击、篮球等各种比赛来赌博。

有一句广告语说，"相信体育的力量"，讲的就是不同权利的含义及其重组。体育的力量是一种内在的权利，而对此的相信则是外在的权利。毛主席曾经说过，发展体育运动，增强人民体质。这样的表述既提出了将体育作为一项运动的看法，也指出了相应的目的。因此，与此相一致，我们曾经也针对体育赛事提出"友谊第一、比赛第二"的口号。其实，正是这些看法和口号，一方面将体育本身和体育作为一项活动或一种运动区分开来，另一方面则肯定并保护了体育自身的权利。换句话说，是在体育自为自足的意义上开展体育运动，并同时发挥增强人民体质的功能作用，而不是像今天，自觉不自觉地将这两者混为一谈，以便掩饰加在体育上的商业动机和利益。因此，表面上越来越重视体育赛事，包括场地、环境、天气、交通等因素，实质却是把运动员的极限竞争当成感官刺激的对象，从而能够赚取更多的经济或物质利益。如果不是这样，就很难解释为什么就连奥运会都还要保留诸如拳击这类很容易、甚至总是要造成对手流血或伤残的对抗项目及赛事，尽管拳击是否仍列入2028 年洛杉矶奥运会，将根据国际奥委会的相关改革情况而定。

很难说人为什么需要游戏，也许真的是因为有多余的精力需要宣泄，或者只是一种节奏的调节，因为人如果始终或长时期处于某一种状态，就会疲劳和厌烦。的确，调节节奏对于人的生存是至关重要的，对此可以举一个极端的例子，就是吸烟。普遍赞成控烟或禁烟的理由，主要在于吸烟会对身体器官比如肺和神经有害，而且还会造成污染，但是，吸烟依然屡禁不止。这里的根本原因并不在于烟草业的利润，因为尽管这个原因是存在的，但如果彻底没有这个行业，对所有企业家或商人来讲就是一样的，所以谁也没有因此损失什么。其实，最为根本的原因就是调节节奏，比如冷了热了、饿了饱了、累了轻松了、紧张了放松了、高兴了悲伤了等等时候都会不由自主地吸烟。换句话说，举凡人的身体姿态和情感倾向中相互对立或矛盾的任何一方保持或者缺失久了，人就会用吸烟来调节节奏。这个实例既不在于说明吸烟也是一种游戏，尽管这种情况是可能的，更不是要反对控烟和禁烟，而是为游戏的必需性提供一个可理解的维度，即在社会性的审美和艺术需要之外，游戏确实还具有动物性的生理和心理需要，甚至是必需。

2. 交换的正当性

如果说游戏是一种行为状态，那么权利就是一种特性，而权利的交换则是一种规则，所以必须具有相应的正当性。权利交换的正当性在于要保护游戏，所以制造出各种各样的游戏方式，比如节日、体育赛事等。这些方式不仅具有游戏的样态，而且能够分别或同时表现各种审美愿望和审美体验，比如节庆、狂欢、崇高、审美、信仰、休闲等。前面已经指出了艺术的游戏特性，所以主要是为了表述方便，这一节将在进行或从事游戏和艺术活动都是一种权利的意义上，讨论艺术权利交换的正当性，并在需要说明的方面或时候，将游戏和艺术作相应的比较。从审美属性上讲，这里的"艺术"也包括文学，不过为了节省话语或字数，除非必要，以下的表述就只写"艺术"。总的说来，这种权利交换的正当性可以分为四个方面，即意愿的合理性、交换的同质性、权利运用的可重复性、衡量标准的等价性。

首先，所谓意愿的合理性，当然是指喜欢或要求做什么的权利，其所以合理在于它们多数都是天生的本能。进行或从事游戏、审美、艺术等活动都是人的意愿，或者说都是经由人的游戏或艺术冲动才生成的某种状态或样态。一般说来，游戏和审美可以是个体化的，也就是某个人自己就能够进行或完成，比如跳绳、唱歌、画画、看风景等，而且可以完全自娱自乐，无须别人参加，也无所谓是否有别人的欣赏。但是，相对来说艺术却是社会性的活动，也就是需要社会性因素的参与和作用。前面说过，艺术也有自我表演的属性，不过从实际情况来看，绝大多数艺术活动都需要至少两个人的参加，也就是需要有别人来观看、聆听、阅读创作者的作品。但是，这种情况并不和艺术属性相矛盾，或者说并不违背这种属性，恰恰相反，它是与这种属性相一致、并且作为这种属性本身的某种意愿的权利。这种权利可以是个体的，也可以是社会的，或者说，相应权利的主张和表达可以是个体或社会的自觉行为，也可以是个体或社会的习惯性无意识。

但是，权利也有内在和外在之分。比如，有一则广告，里面有一个小女孩说道："我要当一名滑雪运动员，以后参加奥运会"。在这里，滑雪，甚至当滑雪运动员都是内在的权利，一个人可以有这种愿望，一般也能够实现。但是，能否参加奥运会，却不由每个人自己说了算，而是要看参加奥运会之前的相应比赛成绩能否达标。这个达标的做法以及符合资格的标准都是"别人"定的，或者说是外在于参加者自身的社会性权利。从这个意义上讲，参加奥运会的做法就是内在权利和外在权利的交换，而人们需要奥运会、并且只能以某种程序或秩序才能办成奥运会，就是这种交换的正当性。又有一则招揽旅游的广告唱道，"我会一直在这里等你，和你幸福快乐在一起"。旅游显然是一种游戏的权利，所以"等你"就是用坚持不懈地邀请来交换这种权利，而"幸福快乐在一起"的许诺则是相应交换的正当性。

其次，所谓交换的同质性的意思是，不管内在还是外在的权利，它们作为交换的正当性，也就是交换得以进行的根据、标准和方式具有一致或相同的性质。在上述广告话语的实例中，体育和游戏是相同性质的具体权利，而游戏和艺术则是相同性质的普遍权利，也可以叫作游戏权和审美权。但是，游戏本身不一定都是审美的，至少从意愿的角度讲是如此，而审美则一定包括游戏的属性和成分，尽管审美并不一定意识到这一点，而且一般也不是为了实施游戏。因此，不仅审美权的含义包括游戏权，而且从活动的形态或方式来讲，可以体现为创作、欣赏、批评以及游戏，不过最主要的还是创作和欣赏，因为它们构成了艺术活动的主要部分和基本样态。

因此，同质性既指游戏和艺术的相同属性，也指艺术活动各部分、环节以及样态等因素的相同性质，或者说它们作为一个整体所体现出的性质和特征。在这方面，最为基本的权利交换就是创作和欣赏，因为艺术活动几乎都要进行创造性地制作，而且也都需要相应的欣赏。在第四章"批评与欣赏"的讨论中说过，就艺术的自为自足特性来讲，创作和欣赏本身可以由同一个人来实施，但在实践中往往都是和"别人"共同实施的，所以在不得不如此的意义上甚至可以说，创作和欣赏的公众性或多主体性对于相应的权利交换是必须的。事实上，这种必须性也是艺术和游戏的又一个重要区别，因为游戏没有这种必须。

的确，艺术活动中也有一些极端的情况，也就是看起来并没有经过创作，甚至也没有什么作品。比如，杜桑的艺术作品《泉》也许是这方面较早（如果不是最早）的一个典型实例。这件"作品"其实就是一个真实的小便盆，"泉"则是作者给它起的名字。但是，正是这个命名，成为创作和欣赏共同的对象、载体、样态以及内容，或者说，由这个命名串起了整个审美体验的各方面因素和各种感受，从而成为特定创作和欣赏共同的权利含义或内涵。后来，批评界把这类作品叫作"现成品艺术"，而这种称谓能够通用的根本原因，就是它作为同质性权利在创作、欣赏、批评等整体活动的各方面或环节的交换。

类似的极端情况还包括装置艺术、行为艺术、参与式艺术、沉浸式艺术、涂鸦艺术等各种方式或样态，它们甚至连"作品"的名字或题目都没有，比如就是一把椅子放在那儿，一个真人站在那儿。但是，越是这类极端的情况，越是明白地说明，创作和欣赏活动不仅以同质的权利交换为自己成立的前提和机制，而且创作和欣赏本身也都是具有共同特性的某种权利，比如审视、想象、命名、思考等。同样，这些极端情况也在不同程度上受到"传统"或既有的规范影响，比如涂鸦艺术一般都需要比较大的面积，所以相应就需要考虑诸如构图安排紧密以及图像的视觉冲击力等特征设置。

权利交换的正当性的第三个方面，在于权利运用本身的可重复性。游戏可以重复，比如下棋、打牌、在自己家门口的草地上打滚等。但是也可能不重复，比如去外地时在某条河里游泳、和某个陌生人掰手腕等，因为很可能不会再去那个地方和那条河，而且也可能再也见不到那个陌生人了。相对说来，绝大多数艺术是必须重复的，尽管也有不重复的情况，比如创作了一半的作品，以后不再继续完成，或者弄丢了、不小心着火烧掉了，甚至创作者自己去世了。但是，重复主要是指欣赏和批评的反复性、延续性以及多样性，也就是同一件作品会以不同的方式被一再提及和处置。因此，这种重复并不因为作品不在场，比如遗失了而受影响，甚至越是孤本或者被毁了、遗失了的作品越能引起人们关注的兴趣。当然，艺术学习和训练也是一种重复，不过它们可以作为上述"同质"权利中的构成因素或形态。

艺术重复的方式很多，比如，反复临摹某件作品、仅仅是出于爱好而不断地在某处写生、连续演唱同一首歌曲或演出同一出戏剧等都是重复。但是，艺术显然不能只靠重复来进行，它需要不停地创新，所以"创作"才是艺术活动的主要内容，欣赏和批评也才有不断出新的对象。事实上，艺术的重复之所以重要和必不可少，在于艺术性活动的可重复性本身就是一种权利的正当性，即艺术不会因为一次消费、也就是欣赏而失去自身的任何东西，比如整体性、耐用性、审美性、教育性、实用性、可交易性等。因此，艺术的重复不仅是各单个艺术活动的常态，而且更是所有艺术活动的存在样态，包括内容和形式。但是，作为交换的正当性的重复是指交换方式而言的，也就是把这种重复作为一种交换权利，从而也才能重复地进行相应的权利交换，所以并不与审美体验的没有比较级相矛盾。

就字面来讲，作为权利交换正当性的第四个方面"等价"似乎不难理解，无需多说，但问题的关键恰恰在于那个"价"是指什么。在一般情况下，"价"就是指价格，也就是某样东西值多少钱。

然而艺术市场最为流行的说法，也是真实的情况，就是所谓"艺术无价"。其实，这个时候的"价"指的就是价值了，类似于说"文物无价"。但是，世界上根本就没有无价的东西，就连打官司所谓"精神赔偿"也是可以折算成有价码的金钱的。文物由于具有特定的历史、文化、科技等方面不可重复的价值，所以无法明码标价。不过，从永远放在博物馆里不被偷走倒卖来讲，文物也可以说一文不值。比较起来，艺术则由于作品、欣赏和批评的可重复性运作，从而形成相应的交换价值及其价格，尤其是作品的价格。因此，无论作为价值还是价格，等价作为一种交换的正当权利，在艺术方面主要包括四种形式，即交易、收藏、拍卖、增值。

但是，艺术的价值和价格并不是等价的。除了艺术市场正常的交易，也就是由于作品艺术水准一般、作者没有名气、作品材料比较普通或不昂贵、制作方式或过程不复杂，甚至交通不便、环境闭塞等因素，所以能够就艺术的价值给出大致相同或近似和价格，而更多的情况则是价值和价格严重不对等，而且往往是价格极度虚高。既然大家都知道这种现实，为什么还要花巨资去购买艺术作品呢？答案就是上述所谓外在的权利，但性质上仍属于艺术范畴，或艺术功能的延伸和衍生。这里所谓的艺术范畴，主要指批评的特性，也就是权威和经典的功能作用，只不过把价格弄得极度虚高的一方的考虑或目的并不完全在于艺术，甚至根本就不是艺术，而是金钱和名声。然而正因为如此，艺术交易的不正常，也就是价格极度虚高的市场炒作才是等价交换的常态，反过来说，这种常态就像由于某部电影观众不多所以每场的票价就可能降低一样。由此，艺术交易中构成"等价"的最基本和最重要因素，就是金钱和名声，只不过它们的正当性在于打着艺术的旗号而成为"同质"意义上的某种外在权利及其功能延伸。

3. 没有比较级的根据

在第一章"美的位置"中我们讨论过美的没有比较级特性，在这个意义上讲，游戏的个体性是唯一的，相应的权利也是一对一的，所以也具有没有比较级的特性，或者是一种自足自为的自由实现形态。但是，对于整个艺术特性来讲，这种没有比较级的根据是经由权利的特性与交换的行为的相转换来提供的，或者说就是这两者的关联形态。就具体的艺术行为来讲，这两者可以交换也可以不交换，但作为整体的活动，艺术的审美体验的自由实现状态却是由这两者的交换来支撑的，或者说艺术的水准或质量是由这种交换来体现的。这种权利交换作为审美或叫作"美"的体验之所以没有比较级的根据，包括很多方面的因素，或者说有多种多样的体现，以下列举一些主要的或常见的情况。

首先是意愿在性质确定方面的滞后性，或者说，我们用各种确定是艺术的东西来说相应的意愿的时候，那个（或那种、那些）意愿的性质是被给定的、唯一的。但是，当我们说游戏冲动、艺术冲动、审美意愿的时候，我们所表达的意思在逻辑上总是反过来的，即我们实际上是用我们已经知道了的状况，比如游戏、艺术、审美，来为某种冲动或意愿的性质命名。当然，严格说来几乎任何表述都可能有这种逻辑错误，因为我们并不能保证已经具有确定含义的词语是否就是那个意思，或者说它是否真的就会像它所表示的那样呈现出来或得到实现。但是，这恰恰是逻辑与经验的区别，如果我们都按照逻辑来说话，恐怕真的只能选择沉默了。幸好，经验告诉我们，不仅事实上人们并不在意这种逻辑，对于自为自在的艺术创作，以及各种审美体验来讲，破除这种逻辑也许正是使自己成立的前提之一，比如相应的思维方式。

因此，如果这种逻辑上反过来说的情况或做法是有意义的，那么只能指游戏、艺术和审美是不同的行为。换句话说，尽管这三者在自由实现的自为自在性质上具有同一性，但各自的内容旨向，尤其是表演形式还是不一样的，而这一点就构成了游戏、艺术和审美作为不同的表演在美学上没有比较级的普遍根据。当然，各种艺术形式总是不同的，否则就没有什么"创作"可言了。不过也正因为如此，意愿在"初始"时的多样性才不得不服从"后来"的艺术形式的唯一性。从这个意义上讲，意愿和具体实现的行为的性质确定在走向或顺序上总是相反的，尽管这种情况并不影响游戏、艺术和审美的区别，但却使得意愿的落实也成为某种没有比较级的过程及状态。

其次，就具体的表演来讲，艺术形式的真实性同时也就是唯一性，也就是具体或"每次"的艺术形式是不可比较的。正因为如此，虽然权利的交换具有同质和等价的正当性，但交换各方以及交换内容的力量和作用都是不对等的，或者说不一样的。这种不对等或不一样不仅表现在游戏、艺术和审美等不同的活动上，也表现在它们各自作为同一种活动中的各具体活动之间。比如，游戏、艺术和审美作为活动总有相应的过程，也就是需要占用时间。看起来，时间作为一种客观存在，对不同个人或群体的给予都是等量的，但它可能构成或承载的意义却是不公平、不平等或不一样、不等量的。一个小时的延展"长度"是一样的，但是这毫无意义，因为这种形式上的一样对实际内容的作用是不相干的，而没有内容的时间严格说是不存在的。比如，某人可以用这一小时来玩手机、打游戏，但另一些人则有很多事情来不及做，比如做饭、带小孩、准备讲稿等。发生在这些时间"中的"意义是没法比较的。

　　因此，所谓"占用"时间并不是指有一个现成的时间可以拿来用，而是由具体的内容把时间"充满"了的状态。如果说艺术就是承载这种充满的材料，那么相应的审美体验就由于"每次"的材料及其形式的不同而没有比较级。事实上，经验中总有一些标准是人们大体公认的，否则美的位置就无从说起，但对这种公认的东西的运用含义和具体意义则很难一样，以至于没有比较级。比如，对于花是美的这个判断基本上是公认的，所以"这朵花很好看"和"这朵花是一个好看的东西"这样的表述都是真实的。但是，说和听这两句话的含义和意义都是不同的，比如说，对此的理解和运用至少有三种情况。其一，"很好看"是一种状态，所以这个判断如果为真就必然潜在地包涵有"好看的东西"存在；其二，"是"可以是表语，指什么样的东西，所以那个东西是存在的；其三，"是"也可以是形容词，只表示"好看"的意思，所以有没有好看的"东西"存在是无所谓的。由于这些不同的判断或理解不能"同时"充满时间，因此，如果说这些不同的含义表达的是艺术的内容，那么"每次"由此得到的相应不同意义，就是具体的和没有比较级的审美体验。

第三，非常可能的情况在于，审美的这种没有比较级的根据与艺术活动的结构有关。比如，美国艺术理论学者沃尔斯托夫就从结构的角度分析了艺术作为一种行为的不同含义及可能形态。在他看来，艺术作为一种行为的结构至少包括三个部分。其一是内容，它们基本上都可以转换成某种语言表述形式；其二是艺术活动的发出方或发起方，它以各种方式告诉或通知其他各方，比如创作者、欣赏者以及其他社会因素；其三是接受方，也就是是否相信、明白了发出方的意思，以及是否和如何参加相应的艺术行为。在这些方面，第二和第三方面都可以把第一方面作为行为对象，也可以互相作为对象。相应地，他们之间有时是因果关系，比如接收方相信了发出方的通告，所以加入到相应的艺术行为中来，但也可能是作为关系，也就是各方都是自主地把相应的行为作为艺术来进行或实施，并不考虑是否听从了什么说明、劝告和邀请。①

如果艺术活动的行为结构真的如沃尔斯托夫所说，那么至少从"因果"和"作为"这两种关系的区别来讲，它们的美学含义以及审美体验都是不可比较的，因此它们各自都是没有比较级的。比如，上述"相信体育的力量"这句广告语既是一种告知，也是一种要求，

---

① 〔美〕N. 沃尔斯托夫:《艺术与宗教》，马先操、穆毅鸣译，北京，工人出版社1988年版，第15-22页。

而相信这种告知的真实性与否，以及相应力量的大小和方式都是待定的。如果由于相信体育的力量而参加体育活动，相应的各方及其行为就具有因果关系；如果出于对体育的爱好，那么参加相应的活动的各方都是作为关系，也就是把相应活动作为体育来进行。不管处于哪一种关系，体育的"力量"其实都是一种应变量，因为它的实际内容是随着活动对象而定的，比如说是作为体育而自身就具有的力量，还是利用体育而外加上去的力量。

第四，从印象的角度讲，艺术比较在质和量的方面是不对等的和不可比较的。所谓"质"，当然就是指特性或属性，也就是作为艺术的存在，一般来说总是以审美印象为优劣高低的判断标准。与此不同，"量"是指某种可重复运作的衡量标准，比如大家都认可的所谓基本功，或者由权威或经典确证了的某些表现形式。就审美活动的特性来讲，艺术活动或审美对象一般总是以审美主体的印象为主要或基本的判断根据，尽管可以在这种基于印象的判断的同时进行各种比较和整理，比如思考、鉴别、分析、对比，从而得出相应的结论。在这种情况下，尽管审美主体可能会觉得某件艺术作品或某个艺术活动不够完美，还有一些缺陷，但是这种"觉得"总是在一种比较的意义上讲的。比较的依据或标准可能是知识，也可能是经验，更可能是权威和经典。然而正因为如此，审美主体也只能在知道有这些不足或缺憾的同时，觉得或认为某件艺术作品或某个艺术活动是"美的"和"好的"，否则就会干脆判断为不美或不好，从而相应的话题也就不属于是否具有比较级的范畴了。

因此，由于每一次印象都是唯一的，所以以印象为基础的审美体验是没有比较级的。但是，从量的角度讲，艺术活动并不都是没有比较级的，比如比赛、评奖、训练等，它们都具有可重复的、普遍适用的标准。在这方面，最为典型的情况或实例也许要算艺术体操的打分了。作为打分的标准或依据，最为量化的因素，或者说可以比较的东西，就是所谓基本功，也是艺术活动中最常见的重复运作。其实也正是由于它们可以量化，所以为了公平，或者尽可能减少偶然性，计算的时候还要去掉一个最高分和一个最低分。然而即便如此，还有一种东西无法量化，或者说是无从比较的因素，就是评委对每个运动员及其表演的印象。事实上，不管前述所谓可量化的打分有多么重要，它们本身就受到评委的印象影响，而这种印象恰恰就是属于艺术特性的因素，并且是主观的、每次不同的、唯一的，因而也是没有比较级的。

如果一定要消除审美的没有比较级特性，对于上述情况来讲似乎只有一个可能或办法，就是把印象悄悄地糅进大家都知道的量化分数中，好像很客观公平，从而能够评比出相应的名次来。从这个意义上讲，即便是技术规范或基本功这类"硬"标准，也还是有主观的印象因素在起作用，比如对举重比赛的打分，三个评委或裁判并不总是一致。或许，以后都换成人工智能才会避免印象因素的掺入，但这样一来艺术和审美的特性确定可能就是另外一回事了。事实上，万物皆有局限性，所以幸好有审美的没有比较级可以提供某种自由实现的状态，不然的话——比如人如果会飞——就更不得了啦！

4. 小结

这一章讨论的话题很重要，也是理解和把握全书内容的关键。如果说，第一章"美的位置"指出的是各种关联形态的作用，那么，这一章阐述的就是作为自由实现状态的审美体验之所以没有比较级的根据，而这些根据本身就是各种相应的关联形态。不过，所有这些讨论和阐述都有一个原则或特征，就是就事论事，差不多就行了，不搞所谓哲学体系。这样讲并不是避重就轻、敷衍了事，而恰恰在于美学的特性本来就是（或者应该）如此，即有意义的审美都是唯一的、没有比较级的，所以"差不多"并不是不精确或不准确，而是指一种非人为结构的普遍联系，即游戏、艺术和审美自足自为的根据及其特性。

游戏是艺术和审美共同的（尽管不是唯一的）特性，而游戏、艺术和审美的意愿各自都是一种天生的权利。因此，各种艺术活动和审美体验的真实进行，就是或就体现为相应权利的交换。交换的具体方式当然很多，但就它们相同的特性来讲，这种权利交换的正当性可以分为四个方面。其一是意愿的合理性，也就是喜欢或要求实施或从事艺术和审美活动的权利；其二是交换的同质性，也就是交换得以进行的根据、标准和方式具有一致或相同的性质，或者是在这种同质性基础上进行的；其三是权利的可重复性，也就是将各种艺术内容和形式的常态当作相应权利的重复，从而能够重复地进行相应的权利交换；其四是衡量标准的等价性，即尽管艺术的价值和价格并不是等价的，但艺术本身却能够以交易、收藏、拍卖、增值等主要方式或手段，取得相应的等价交换，或者说至少在形式上将等价作为一种交换的正当权利。

上述权利特性与交换行为的相互转换，不仅提供了自由状态的实现或审美体验之所以没有比较级的根据，而且还体现出相应艺术活动和审美体验的水准或质量。这种根据及其相应的关联形态包括很多方面的因素，或者说有多种多样的体现，不过主要的或常见的情况大致有四种。其一是意愿和实现的不同向，即各种确定为是艺术的东西具有唯一性，它使得逻辑在先的意愿定性是滞后的和被给定的；其二是各种艺术形式的不一致，也就是自己和别人"每次"对待同样艺术形式的态度、以及这些形式的意义都不一样；其三是艺术作为一种行为与其结构的关系不相符，也就是由于相应行为与其结构可以是"因果"和"作为"这两种基本关系，致使它们各自的美学含义以及审美体验都是没有比较级的；其四是审美印象在存在性质和衡量标准上的不对等，因为印象的特性或属性是唯一的，而衡量标准则是可重复运作的和共有的。

第六章　审美取向与世界观

　　世界观对于审美取向的影响是显而易见的，而且世界观也包括社会的或国家的（政府的）世界观，大约类似于意识形态的意思，并不纯粹是对世界的看法。因此，不仅个人的世界观会影响其审美取向，整个社会或国家的世界观更会对审美取向起到导向性的作用，甚至是带有强制性的要求和规范。但是，审美取向同样也会对世界观产生影响，包括个人和社会层面。比如，一个十分喜爱摇滚音乐的人，他的这种审美取向不可避免地要影响他对于与某些世界观相适应的审美取向的接受，而且很可能是阻碍性的影响。既然审美取向和世界观的相互影响是明摆的事实，我们对此还能说些什么呢？显然，说为什么会相互影响很危险，因为不仅原因极有可能是多种多样的，而且更有可能要涉及到各自，尤其是艺术的起源，而这将不可避免地陷入各种推测或猜测。

　　如此看来，对于审美取向与世界观的关系，我们也许只能尝试分析它们的相互影响大致由哪些方面构成，以及相应的影响采取什么方式，而恰恰在这些方面似乎还缺少较为专门的讨论梳理。为此，首先需要确定审美取向的含义，包括它在整个游戏行为或艺术和审美活动中的位置、作用和特征。其次是世界观的形成或构成，因为世界观的构成因素很多，所以它们和审美取向的关系和作用就可能不一样。第三是审美取向与世界观相互影响和作用的不同方向，也就是既定状况的不同变化和发展可能。

1. 连接冲动与判定的审美取向

无论从逻辑还是经验来讲，"没有无缘无故的爱，也没有无缘无故的恨"这句话都是真实的，而且似乎也不难理解。然而仔细想来，这句话的道理其实是由"结果"，也就是爱和恨来支持的，因为"无缘无故"不过是一种状态，而"没有"作为一种判断则是对这种状态的否定，它们都不是这句话所要表达的道理的"原因"。这种情况之所以不引人注意，或者说人们在现实中并没有认为这样讲有什么不妥，正在于它直接阐述了结果，没有给对于相应环节的连接留出余地或位置。审美取向中的"取向"，起的就是这种连接作用，即连接了待定的和作为原因的"冲动"与落实了的和作为结果的"判定"。

前面说过游戏、艺术和审美的冲动，而且指出了这些冲动在特性确定方面的逻辑滞后性，也就是需要根据实现了的状况，即冲动目标或旨向的落实，才能判定相应冲动属于什么性质的意愿。但是，冲动的形成，即使在其初始阶段就不是全无内容的，不然不仅区分不出是游戏、艺术还是审美的冲动，而且也无法形成具体冲动的旨向，而这些初始内容和相应旨向对于接下来的艺术创作极为重要。

所谓"接下来"，当然是某种心理活动，或者说以感性特征为主的意识活动，而且由于心理活动的这种过度很快或过程很短，很难被清楚认知到，仿佛就是各种创作瞬间的连续或接续体。审美取向一方面在这个连续或接续过程中形成，另一方面给这个过程赋予审美的特性确定。因此，尽管审美取向本身需要某种程度的判断，但还不是明确的判断，也就是所谓判定，而是在参与和影响整个游戏行为或艺术及审美活动实现的意义上，成为连接相应冲动与判定的判断机制。

比如，某个人有一种想出去走走的意愿或感觉，这就可以算作一种冲动，但在这个阶段，这个冲动究竟是什么意思或者由什么内容来确定并填充它的性质尚不明确。或许，这个人就是出去走了一圈，什么也没干，那么这个行为就可以当作是游戏，而先前那个意愿和感觉也就可以相应地判断为游戏冲动。如果那个人走了一会儿停下来欣赏风景，或者拿出手机拍照，那么，拍照和欣赏都可以当成艺术或审美活动，同时也就判定了先前的冲动性质以及当下相应的活动内容。这类情况很普遍，而正是审美取向在这个过程起到了整合各种因素的作用，并且在时间上（也许只是瞬间）连接了初始的冲动和判定的实现，尽管人们觉察不出或者并不在意这些心理、情感或意识的变化。

但是，实践中更多的情况似乎与上述情况相反，也就是说，无论是具体的审美个体，还是审美主体的类存在，他们似乎都不必须先经过某种冲动，而后再进入艺术或审美活动，或者说才得以判定的什么活动，包括不进行任何活动。换句话说，绝大多数艺术和审美活动的性质和内容从一开始就都是明确的，甚至就是一项工作或任务，而且需要连续进行一段时间，既没有任何事先的冲动，也不需要判定自己在做什么，比如，排练一台舞剧、创作一部小说、拍一部电影，甚至唱一首歌、画一幅画、跳一支舞等。不过，艺术和审美活动之所以能够这样明确而"直接地"进行，恰恰是因为长期的实践准备出了各具体的"先前的"那些需要或环节，以至于反而显得它们是可有可无的了。但是，这种可有可无并不表示"先前的"过程不存在，而是因为相应的过程或准备由某种审美取向"替代"了，所以可以把诸如冲动、灵感、直觉、甚至印象等"有"都当成"无"，从而越过它们直接进行各种审美活动。

具体来说，审美取向不仅体现了相应行为或活动的特性，比如是游戏、艺术创作还是审美等，而且准备了从事或进行这些行为或活动的条件，也就是无须再考虑自己在做什么以及是否应该这样做。人们之所以在实践中不觉察或不在意这些变化，甚至也不觉得需要这种机制性作用，很可能是因为构成或体现这些变化的因素太过细微，而且既无法预先知道又转瞬即逝，难以把握。这些因素主要包括直觉、灵感等似乎是本能性的瞬时情况，甚至第五章所说的印象也是这种情况，它们的作用本来就是为后继的意识或行为提供条件或动力，自身的内容反而相对模糊或尚未定型。不过，即使通过某种具有审美取向功能的机制处理和整合，作为整合结果而形成的审美取向也很难说就具有了清楚的审美内容和相应要求，相反，它们仍然只是相应后继行为，比如艺术创作或审美欣赏的基础条件，也就是能够大体"知道"接下来该怎么做或做什么了。

因此，审美取向在实践中的作用，就是整合了各种内容尚不明确的因素，使它们能够成为某种较为明确的判断，也就是所谓判定，尽管审美取向本身并不是这种判定。相反，审美取向本身也是在这种整合过程中形成或显现的，否则它就是外在于这些因素及其整合过程的另一种力量了，比如马上要讨论的世界观，甚至意识形态。正是这种在整合"别的"因素中形成"自己"的过程，使得审美取向具备了进行明确判断的条件，也就是对相应行为或活动的选择，以及初步的好恶态度，以供后继具体行为的进行，比如创作、欣赏或批评等。当然，这里的"过程"往往也就是瞬间，所以不仅对于构成整合状况的各种因素，就连这种整合机制本身，也都很难被察觉到。对此，我们或许可以举两个例子，并假设它们从冲动到判定的过程都足够长，看能否从中找到审美取向的整合情况或作用。

比如，一个诗人听到或看到某件使他感动的事情，于是有一种想要抒发情感的冲动，对他来说这时候惯常有的情况或一般行为就是写诗，但偏偏就迟迟写不出来，甚至也不知道该从何写起。另一个画家领受了一项任务，比如创作关于新能源发展的成就，但是他也迟迟不知道画什么、从何画起，甚至去了几个新能源基地或企业体验生活，也还是没有头绪。后来，这两个人都是因为突然某一天来了"灵感"，于是诗也能写了、画也能画了。于是，诗人由于确定的诗作"知道"自己进行或完成了一次创作，画家则由于完成了任务而体现出相应创作的艺术或美学价值或意义。

这两个例子虽然是编的，但类似的真实情况实在太多太多，所以具有存在的普遍性和说明问题的典型性。不管把这种"灵感"叫作什么，也不管它是怎么来的，总之它不能直接代替所要创作的诗和画的内容，甚至无法明确或清楚地说出它的含义，所以需要通过某种处理才能成为创作的动力、基础、态度或条件。这种处理，就是审美取向的整合，同时也就形成了作为相应动力、基础、态度或条件的审美取向。换句话说，关键不在于灵感怎么来的、表示什么意思，而在于需要由某种机制，能够及时抓住灵感并把它转换为相对清楚的和可理解的审美活动因素。这个机制，就叫作、甚至就是审美取向。

很显然，上述这些心理或意识活动的阶段划分及不同状况也是从"结果"或现实状况的体验推导出来的，换句话说，其根据主要在于如若不然"冲动"就无从安置或毫无意义。至于这种活动的物质性根据，或者说相应心理或意识过程的电和化学转化状况，应该由以脑科学为主的相应综合研究来给出。不过，这样讲的意思并不等于相应的"推测"靠不住或没有意义，恰恰相反，它们作为问题的自我展开，表明由冲动到判定的过程需要某种连接机制，也就是由具体的连接体现出相应的审美取向。我们现在只能从实际效果或经验上知道这种机制性作用，如果什么时候能够用技术手段，比如通过脑电图"读出"这种情况，那么不管它与我们现在推测的情况有什么不同，其意义都在于证实了"这种"情况的真实性，而不是技术手段本身的方式方法"正确"与否。

但是，毕竟很难说清楚审美取向的整合作用是如何运作的，所以只能从结构的角度推测相应的功能，也就是在由冲动到判定的过程中总会有一个连接两端的功能或者机制。因此，所谓"连接"所体现的作用和内容，就是审美取向，而且似乎也只有采用"连接"这个词才符合相应结构的真实性。这种真实性是由构成审美取向的两个方面来支持的：一方面，虽然这个连接功能或整合机制具有审美取向的功能，但它并不是或者还不是具有内容含义的审美取向；另一方面，作为这种功能机制的运作结果，才形成了具有特性确定和内容旨向的审美取向。这两个方面合在一起，就是作为连接冲动与判定的审美取向的存在位置和作用形态。因此，也许把顺序倒过来说会更加明白，即有一种把各种尚未定性的因素整合成相对清楚和具有内容的审美旨向的功能性机制，而由于审美取向是形成了的审美旨向，所以才说相应的机制具有审美取向的功能。

需要指出的是，审美取向不同于审美倾向，因为后者是已经成为现实的和具体的艺术活动所具有的某种要求或导向，而前者本身仍然处于这种明确要求或导向的形成阶段。因此，一般说来审美倾向知道自己之所以采取哪种态度或要求的原因，或者说能够比较清楚地看清某种倾向的来源或出处。比较起来，审美取向还没进入"倾向"这个阶段，或者说还没达到这种认知程度，而几乎仍是一种带有本能特征的意愿选择。因此，简括地说，审美取向是正在形成或决定采取的具有审美性质的态度，审美倾向则是决定采取或选择具有审美性质的什么样的态度。比如，一个人打算画一幅工人肖像，而且他可能事先就觉得应该表现出某些相应的形象特征甚至精神风貌，比如健康结实、沉稳刚毅之类，而绝不能贼眉鼠眼、慌忙猥琐，那么这种"觉得应该"和"绝不能"就是一种审美倾向。如果他没有什么先入之见，跟着感觉走，也就是根据自己的技法水平，写生对象是什么样就如实画出什么样，那么他这种态度就是一种审美取向。因此，审美取向虽然也包括形成自身内容的大致方向或走向，但这更多是对某种行为或活动的特性的体现，而不是对它们的规定或要求。

当然，用"取向"和"倾向"来表达审美形成或过程的这两种状态并不一定恰当，不过就它们所表示的各自状态来讲，相应的细微区别却是一种真实的存在。事实上，理解这种细微区别对于接下来讨论审美取向与世界观的相互作用极为重要，因为审美倾向已经可以作为世界观的内容构成方面，而审美取向则是世界观"之外"的对象，所以也才能够既合乎逻辑又符合实际地评价审美取向与世界观的相互影响和作用。

2. 世界观的构成

尽管审美取向还没有形成明确的或者说可以清楚表述出来的"看法"，但它和世界观同样都是观念性的东西。因此，弄清楚世界观的构成，可以为下一部分关于审美取向与世界观的关系及相互作用的讨论提供必要的前提。既然是一种看法，世界观也就和批评标准一样，不仅有自己的形成过程，而且相关认识也是在不断变化的。因此，这里的"构成"其实也包含这种形成过程和不断变化的意思，只不过更侧重从结构的角度来说明世界观的存在方式或形态。大体说来，这种存在方式有三个比较突出的特征：即部分与整体的相对独立，内部争论的常态及相应的变化和调整，以及间接的反映和观念的分工。

首先，世界观被认为是人们对世界的看法，而且这种看法具有总体性或整体性，以及根本性。世界观的另一种表述是"宇宙观"，不过细想起来这两个词汇的含义还是不尽相同的。从空间上讲，世界似乎比宇宙要小得多，一般就是指地球。更重要的是，地球上的"世界里"有人，所以就有很多所谓主观性的东西，从而作为"看法"的世界观的对象是什么就成了问题，也就是说，这个对象是否也包括看法本身，如果是的话，世界观的正确性和真实性也就很难确证。宇宙观就没有这个问题，因为在已知的宇宙里迄今为止并没发现在地球"之外"还有那颗星球，上面生活着和我们人类一样或者具有差不多水平的智力和意识的生物，所以我们对宇宙的看法，也就是宇宙观似乎是以无生命的东西为对象的，而且这种看法对不对、准确不准确似乎都能像所谓自然科学那样得到证实。

上述情况表明，看法的总体性或整体性本身就是有局限的，因为至少，"世界"不能包括"宇宙"，而且世界和宇宙如何在一个看法中具有同样的合理性更是世界观或宇宙观本身都不能提供的。这样一来，相应地，世界观作为看法是否具有"根本性"，以及这种根本性的意思指什么都是悬而未决的。换句话说，至少从缺乏针对性的角度讲，"整体"和"根本"的具体含义和运作指向往往都是不得要领的。这样讲的根据至少有两个：其一，无论从实际数量还是从比例上讲，很难说有了多少构成部分就可以说形成或构成了世界观的总体或整体。其二，在世界观的运用中，几乎没有办法指出或确定由总体或整体的形态或方式来起作用的情况占整体性决定的比例是多少。因此，如果我们认定世界观就是某种整体的看法，那么即使不谈这种看法是否具有"根本性"，也就是是否能表示事情的本质，至少这种"整体性"是很难具有真实性的，也就是很难被实际运用。

不过，出路或办法也还是有的，就是放弃这种总体性或整体性的绝对性，也放弃根本性的权威性，就是不要认为某种看法到了世界观这种"高度"，其他看法就都是从属性的了。其实，这两个放弃即使出于迫不得已，也仍然是明智之选，因为这样做的真实含义，在于承认构成整体的各个部分自己所具有的相对独立性，而且无论从存在形态还是作用方式上讲都是如此。不过，这种承认绝不是权宜之计，更不是任意的和没有根据的，而是由"整体"或"总体"本身的构成方式决定的。换句话说，部分具有相对独立性的合理性和根据就在于，至少是出于对针对性的考虑以及实践中具体事情所需因素的有限性，实际活动中起作用的往往都是世界观的部分，或者说世界观更为经常的状态是只显现出它的某些部分，而并不是所谓的总体或整体。

比如，牛顿不仅提出了运动定律，还阐明了动量、角动量守恒原理，甚至在技术上发明了反射望远镜的制作，但是，他同时也是个基督徒，相信上帝的终极性和神力。牛顿在他的《自然哲学的数学原理》中说，没有神就没有创世的起源，我们作为有限者和不完全者只能做上帝、也就是主（Lord）的仆人。很可能，牛顿的这种说法在于有很多东西他自己也解释不清，比如所谓的"牛顿环理论"。但是，无从解释并不必定要求助上帝，牛顿的说法表明，他的世界观中至少包括上帝和自然科学两个部分，而恰恰它们是能够独自起作用的。

换句话说，无论在逻辑上还是实践中，世界观的构成和运用都并不必须坚持某一部分反对另一部分，或者采用某一部分而抛弃另一部分。的确，科学和神学历来被认为是矛盾的，但它们作为对世界的总体和本质的看法，也应该都是世界观的构成部分才对，所以也可以分开来以各自的方式独立起作用。因此，更加可能和真实的情况是，神学和科学既可能相互冲突，也可以各干各的、相安无事。从这个意义上讲，实际的做法所表明的并不只是世界观由部分构成的存在形态，更重要的是这些部分从存在形态到作用方式都具有自己的相对独立性。

其次，世界观的一个常态就是内部不停地争论。之所以说"内部"，一是因为各种观点在作为"看法"这个意义上是同一性质的，也就是都可以算作世界观的构成部分；另一个原因在于所谓的整体或总体性，也就是说，不管各部分如何相对独立，它们的关系也是在整体或总体内部的意义上才是合理的和真实的。至于争论，几乎是不言而喻的事实，也就是部分的相对独立性本身就意味着看法的"不同"，而为了表示自己的正确，更为了给具体的运用提供合理性，于是争论就不可避免。在这个意义上讲，争论不仅是世界观存在形态的基本特征之一，而且是世界观能够真实有效的基本动力。当然，真实有效的行为并不就是争论本身，而且如果始终处于争论的状态"之中"就很难产生一致认同的结果，所以在实践中世界观总是需要相应的变化和调整。

当然，任何事情都不是一成不变的，不过就世界观来讲，还有一个重要原因使得它总是处于内部争论的常态，以及需要做出相应的变化和调整。简括地说，这个原因包括两个方面，即历史性和社会性。世界观的整体性或总体性不仅在于"看法"的对象和内容都无所不包，还在于任何真实的世界观都包含相应的历史和社会因素，或者说，各种看法也都是历史的和社会的世界观。相对来说，所谓历史指的是时间，也就是任何看法和行为都要"占用"时间，而时间作为连续的载体使得"之后"的看法和行为总是或必定要受到"之前"的看法和行为的影响；而所谓社会性，在这里是相对个人而言的，也就是说，尽管个人能够形成自己的世界观，但不可能完全离开社会的因素，包括接受教育、甚至训诫等。因此，无论个人还是整体，世界观都不可能不受既有的，也就是历史的和社会的世界观的影响，而这种影响就是争论最为普遍的根据。

因此，尽管个人之间观点的不同是很正常的事情，不过作为世界观层面的争论，它们所代表或反映的往往就是历史的和社会的看法，也就是所谓"内部"的争论。换句话说，真正具有权威性的或有效的"看法"，总是历史性的和社会性的世界观，而相应的变化和调整，也是根据有效的实例或情况，并且由某种权威方面来做出。所谓实例或情况，可以看成是实践中的试错，或者经验总结，而权威方面，一般都具有相应的组织形式，比如政权和学术机构等，不过也包括个人，比如领袖、学界先进等。不难理解的是，不论对于个人、部分还是人类、整体，世界观的形成都需要相应的过程，所以变化和调整既是这种形成的结果，也是这种形成本身。

　　但是，相应的变化和调整不可能在很短时间内经常发生，否则世界观就难以被运用，或者说起不到实际作用。因此，变化和调整不仅主要针对整体世界观"内部"各种因素的状况，更多的应该指世界观运用或作用本身的方式及特征，包括某些因素的凸显或隐退，某些内容对待的轻重缓急等。比如，经济基础和生产关系是一对永恒的矛盾因素，所以也就总是需要对这两者的关系进行相应的调整。从具体的内容来讲，比如对于提高生产力、扩大就业，还是进行制度革命、首先实现公平等问题或任务，不仅会有不同的看法，而且几乎就总是会有轻重缓急的不同对待、选择或安排。

　　第三，从认识论的角度讲，唯物主义认为作为看法的世界观当然也是对客观存在，尤其是物质性活动的反映。但是，世界观无论在构成方式还是具体内容上都不是简单的反映现实，或者说并不是对现实的直接反映。相对说来，在构成方式上世界观主要是对各种已经成为观念形态的因素的加工和整理；在具体内容方面，世界观的状况也不仅仅是由某种或某些最基础的因素或决定力量在起作用，而更多是经由非基础性的、间接的环节来提供的。对于这种情况，恩格斯在谈到经济因素的最根本作用与上层建筑以及各种观念形态的关系时，曾给过清楚的说明。他指出，经济的最终支配作用在不同领域有不同的表现，而且是在相应领域所限定的条件范围内发生的，因此，"经济在这里并不重新创造出任何东西，但是它决定着现有思想资料的改变和进一步发展的方式，而且这一作用多半也是间接发生的，而对哲学发生最大的直接影响的，则是政治的、法律的和道德的反映"。同时，偶然性和有影响力的人物的个性，都是形成这种间接反映的重要因素。①

显然，政治、法律和道德都属于上层建筑，相对经济活动来讲已经是第二性的存在了，而且就它们是现实的反映来讲，往往也是各种观念形态的存在。因此，和这些观念性的存在对哲学的影响最多、最直接的情况一样，世界观的构成方式或常态在于各种观念形态的因素的相互反映和相互影响，而不在于是否直接反映了现实。同时，也不能忽视造成相应反映所包括的各种偶然性，以及个人性格和能力对这些反映的影响。正因为如此，或者说之所以会出现这种情况，都在于世界观本身就是一种观念的分工，这种分工不仅有其专门的或独立的内容领域，而且一般都会形成相应的人群和实体组织，也就是从事世界观的设定或规范的专业人员及其相应机构。换句话说，世界观既由社会分工造成，本身也是一种分工，而且是以观念性的因素或资料为主要对象的分工。

其实，也正是在分工的意义上，意识形态才可能成为世界观的一个构成方面，因为它作为政治、法律和道德的综合反映，不仅自以为能够指出是非对错，而且更有资格提出相应的要求、希望和承诺。意识形态在世界观中的最大特征，在于它不仅是具有具体内容含义的"看法"，而且还就是一种"意义"本身，所以无须做任何解释和说明，直接陈述相应的要求和规范。因此，尽管不同领域或方面的"看法"都可以在分工的意义上成为世界观的构成部分，但

---

① 恩格斯：《马克思恩格斯选集》第 4 卷，北京，人民出版社 1972 年版，第 485-486、393 页。

是从作用的规范性和强制性来讲，意识形态不仅仅是世界观的构成部分，而且还是世界观"内部"的一种分工机制，也就是以其特有的作用及方式为自己的存在开辟道路。

3. 不同的作用方向

从实践的角度讲，世界观并不只是认识论和知识论的看法，它的真实含义在于运用。正是在具体的运用中，依据对于解释世界和改造世界的不同作用方式，区分出不同的世界观、各种争论及其依据，以及整体世界观"内部"的分工。如果说，看法决定做法，或者一般情况都是先有看法后有做法，那么世界观的作用就像火山喷发，虽然破坏力强，但没有它就没有大气，没有海洋，也没有陆地。在这个意义上讲，世界观是在否定中开辟道路和建设自己的。但是，审美取向还没有达到世界观所谓明确的"看法"的程度，所以它和世界观处于一种对象性的发生学关系：一方面是世界观影响甚至决定了审美取向，另一方面是审美取向和世界观的相互作用也为世界观的形成和调整提供了观念性资料。

对于这个问题或情况，恩格斯关于国家权力对于经济发展的反作用的看法，也许可以作为一个合适的参考或有用的启发。恩格斯指出，这种反作用"可能有三种：它可以沿着同一方向起作用，在这种情况下就会发展得比较快；它可以沿着相反的方向起作用，在这种情况下它现在在每个大民族中经过一定的时期就要遭到崩溃；或者是它可以阻碍经济发展沿着某些方向走，而推动它沿着另一种方向走，这第三种情况归根到底还是归结为前两种情况的一种"。[①]
不过，恩格斯的前提在于经济力量是决定性因素，所以才说国家权
力是"反作用"，而审美取向和世界观都是观念性的存在，所以谈
不上哪一方是决定性因素。换句话说，即使世界观的作用力很可能
比审美取向大，但就它们都是所谓"第二性"的观念来讲，还是很
难证实在它们的相互作用中哪一方起决定性作用，或者说能够决定
另一方的状况或认知。

因此，我们可以就在审美取向和世界观的相互作用的意义上，
按照恩格斯的看法分析相应的三种情况，即促进作用的同方向、阻
碍作用的反方向、改变方向的作用。不过，这里需要指出的是，根
据上一小节关于世界观的讨论，起作用的不一定是世界观的"整体"
或"总体"，或者不如说，更常见的是世界观的"部分"在相对独
立地起作用。比如，审美取向是世界观"之外"的东西，但它却在
性质相同或相似的意义上与作为世界观某个部分的审美倾向靠得
"最近"，所以审美取向可能更容易与审美倾向发生各种关系。但
是，无论是对于整体或总体的世界观，还是只针对世界观的某个或
某些部分，审美取向都是发生关系及相互作用的独立一方。由此，
作为审美取向和世界观相互作用的发生学关系，上述三种情况可以
稍作修改，即大致分为相互促进、相互阻碍，以及一方改变另一方
三种情况。

---

① 恩格斯：《马克思恩格斯选集》第 4 卷，北京，人民出版社 1972 年版，第
483 页。

　　首先讨论相互促进的情况。尽管文学艺术有自己的特性和要求，但它的创作不仅可以有美学方面的明确方向或目标，同时也可以有所谓外在的或对象性的方向和目标，包括文学艺术为什么而服务这种世界观层面的思想、认识和要求。比如，延安时期生活非常艰苦，支撑艺术创作的各种物质条件都很缺乏，于是，艺术家们选择了木刻，或者叫版画这种艺术样式，因为相对来说供创作用的木板还是能找到的。因此，版画在延安从一开始就是作为教育和宣传群众、鼓舞抗日斗志的武器出现的，其主要目标就是打败日本侵略者。但是，由于世界观的转变，为了使当地民众接受和欣赏，很快形成了独特的延安画派及其风格，木刻也不再都是运用阴刻法的那种黑白块面效果，而是更多加入了中国的线条白描。

　　又比如冼星海，尽管他从来没有见过黄河，却能够用六天时间就为组歌《黄河大合唱》谱写出了曲子，这里的原因或动力就在于审美取向和世界观的相互促进。冼星海1937年读到一篇报道《抗战中的陕北》，受其感染和鼓舞，于是奔赴延安。在延安他很快就听到光未然朗诵的关于参加抗战工作的体验的长诗，于是激情澎湃，曲思泉涌，旋即埋头创作。果然，《黄河大合唱》一经演出，就在延安引起轰动，好评如潮，而且很快就由延安传播到全国，成为广受欢迎和鼓舞抗日斗志的艺术作品。直到今天，《黄河大合唱》不仅作为艺术经典为人们欣赏，而且更能够随着时代的变化引发或赋予世界观层面的新内容，比如"和平与发展"的相应要求等。

　　审美取向和世界观的相互作用也有着某种规律性的根据，就是说，一方面艺术本身具有思想性或思想内容；另一方面，审美取向在很大程度上受到历史、社会、政治、文化等因素的影响。因此，审美取向和世界观都有可能存在它们本来就相通或认同的地方，尤其是它们都"认为"是"好的"方面。换句话说，审美取向和世界观都潜在地、甚至不经意地希望或要求对方能够有"更好的"选择，也就是能够支持自己一方"看法"的表现。比如，恩格斯认为歌德具有天才的艺术气质，所以尽管他所接触的实际生活很少，或者多有局限，但他的气质、精力和精神意向都使他能够，而且自然而然地就创作出符合历史进程和人类美好价值的作品。[①] 这种情况所揭示或表明的道理在于，"好的"艺术应该，而且也能够促成"好的"世界观，或者成为相应世界观的构成部分或方面。

在审美取向和世界观关系的真实体现中，艺术才气与道德为善的世界观在很大程度上讲是有着内在联系的不同观念形态，所以才可能产生相互促进的情况。但是，这种内在联系并不等于否定审美取向的独立性，相反，世界观，以及道德、党派、政治的立场或角度都不能代替审美取向，因为审美取向也有自己的历史依据和美学特性。不仅如此，审美取向和世界观的相互促进还有着现实的需要，即一方面能够使审美活动减少各种因素，尤其是政治方面的因素的阻力或干扰；另一方面，而且是更重要的方面在于，世界观，尤其是作为世界观构成部分或方面的现实政治也需要美学活动，尤其是艺术创作作为自己意愿表达的脸面，也就是比较和缓的和更容易为

---

① 恩格斯：《马克思恩格斯全集》第 4 卷，北京，人民出版社 1965 年版，第 256-257 页。

更多人接受的表达形式。

其次来分析相互阻碍的情况。由于阻碍的具体原因和情况很多，所以不仅并不总是能清楚分清哪一方是主动阻碍另一方的，而且也很难说阻碍的根据是什么、道理对不对。比如，某些审美取向更容易选择具有雄壮、坚定、豪迈等特点的进行曲，却比较不容易采取抒情、婉转的小夜曲，甚至认为靡靡之音是会唱衰国运的。音乐和世界观的相互作用是很明显的，尤其是在历史、思想以及现实政治等世界观部分或方面。但是，由于音乐在内容或思想含义方面具有很大的抽象性特征，难以指出相应的具体内容含义，所以反而更容易在审美取向这个层面起作用，也就是接受、选择或欣赏与否。正是在这个意义上，世界观导致的选择对于审美取向来说就是阻碍性的，因为它限制了选择的多样性；反过来讲，个人甚至社会习惯的审美取向则总是、而且不得不在抵制或回避特定世界观的状况中坚持自己的选择。

尽管从认识论的角度，可以把文学艺术作为客观现实的一种反映形式，但是姑且不谈特定形式本身也会生出相应的内容，就对于内容的表达或表现形式来讲，文学艺术必然具有其相对的独立性。因此，一定的世界观要求对于特定审美取向的阻碍其实是一种常态，所以审美取向发生作用的自由度和自由空间，也就成了阻碍特定意识形态要求的因素。就像哲学所谓的否定之否定，审美取向的这种反作用力也许可以叫作阻碍之阻碍，比如它的审美吸引力能够掩盖、歪曲、夸大、引导甚至塑造某种既有的阶级意识。当然，从逻辑来讲，审美取向和世界观的相互促进和相互阻碍的根据是同一性质的，不过，无论从各自的意愿和要求，还是从不得不面对对方的异议和反对来讲，相互阻碍都是更为经常出现的情况，也是更难以克服的矛盾。因此，在现实中最为普遍或常见的情况，是把这种阻碍或矛盾转换为刚性较弱的相应倾向，从而使各种不同、矛盾、冲突都成为世界观"内部的"问题，以减轻审美取向在自我形成以及方向或走向选择方面的压力。

尽管无论哪种倾向，包括审美倾向都是一种看法，所以也都可以作为构成世界观的部分，但是审美取向还是存在，或者还要承担可能会形成什么审美倾向的问题。或者反过来说，由于特定的审美倾向反对某种或某些审美取向的形成，所以这两方面就可能因此而相互阻碍。尽管不同的倾向可以作为世界观层面或内部的问题，但是倾向不等于现实，但是它很可能，而且往往就是作为尚未确立的现实才具有真实含义的。因此，把某种倾向当成现实也是错误的，而世界观由于总是急于宣示自己的正确性，从而也就特别容易犯这种错误。从道理的普遍性来讲，审美取向的自由状态和世界观的刚性要求，才是二者相互阻碍甚至矛盾冲突的根本原因。

最后来说一方改变另一方的情况。虽然这种情况归根到底是上述两种情况的一种，但相对来说，前两种情况更多体现的是相互影响，还达不到改变的程度。从逻辑上讲，一方被一方改变是指"由于"某一方的存在或行为而使另一方"产生"或"发生"了变化的关系，尽管对于这种关系的运用可以是自觉的，也可以是不经意的或被动的。因此，至少从作用的角度讲，这种相互改变的关系对于审美取向和世界观并不是固定的，而且在现实中改变方和被改变方是否感觉或者认识到自己的改变，也是不一定的。

比如，在第四章提到的巴尔扎克，他的审美取向的最主要特点就是真实，以至于恩格斯评价说，"他用编年史的方式几乎逐年地把上升的资产阶级在 1816 年至 1848 年这一时期对贵族社会日甚一日的冲击描写出来"，"我从这里，甚至在经济细节方面（如革命以后动产和不动产的重新分配）所学到的东西，也要比从当时所有职业的历史学家、经济学家和统计学家那里学到的东西还要多"。① 正是这种正视现实的真实性的审美取向（当然还有细节描写和典型处理的创作能力），使得作者，也就是巴尔扎克本人违背了自己的世界观倾向，向人们揭示了贵族灭亡的必然性，并展示了这种必然性正在成为现实的真实图景。也许，巴尔扎克自己可能没有意识到这种情况，甚至也不愿意或不会承认自己世界观中的某些方面或倾向发生了改变，比如具体的政治同情和偏见等，但是对于广大读者确实已经产生了这个效果。

又比如，前面谈到了延安时期木刻艺术或版画作品一开始不被当地民众欣赏和接受的情况。事实上，早在 20 世纪 30 年代初，鲁迅就向国内介绍了国外的木刻艺术和版画作品，尤其大力宣传和推荐德国版画家、雕塑家凯绥·珂勒惠支（1867—1945）的作品、思想和艺术成就。正是由于鲁迅的宣传推荐，中国的一批青年艺术家开始学习版画，甚至可以说掀起了一场新木刻运动，以区别中国传

---

① 恩格斯:《马克思恩格斯选集》第 4 卷，北京，人民出版社 1972 年版，第 462-463 页。

统的木刻样式。但是，这并不仅仅是艺术本身的事情，青年们从事新木刻的更重要原因，还在于他们被珂勒惠支对被压迫、被剥削民众的同情所感召，接受和认同了珂勒惠支版画艺术所宣传的反对战争、维护世界和平的主张，甚至社会主义政治倾向。换句话说，青年们是由于某种世界观性质的因素而改变了已有或既定的审美取向，转而对外来版画那种陌生的艺术表现形式产生了兴趣。同样，也是因为版画家们树立了艺术为抗日战争服务、为工农兵服务的思想，从而改变了自己的审美取向和相应的艺术表现方式，才赢得了延安当地民众以及各解放区和根据地乃至全国民众对他们的版画的接受和欣赏。

其实，真实的一方改变另一方的情况在本质上不过是一种妥协，因为不仅这种改变是否是自觉的，以及被改变的一方是否是真心接受的等等情况都是没有保证的，而且改变"以后"的情况如何更是改变"之前"的双方（或多方）难以把握的。比如，在审美取向方面，专业人士和机构（比如大学和媒体），可以迎合社会和民众的需要，但实际上也更能够引导社会和民众的趣味和审美取向，甚至制造某种世界观。因此，所谓妥协仍是逻辑上的说法，因为尽管它们有可能是真实的事实，但更可能的情况是各方的存在性质和形态已经发生了根本性的变化。这样讲的道理在于，真实的妥协往往已经使审美取向转变为"倾向"层面的东西，也就是审美活动和世界观共同的某种意愿或观念形态，从而也就不再停留在审美取向的水平或阶段了。

4. 小结

审美取向是形成审美活动（主要是艺术创作和欣赏）的前提，由此才可能判定将要进行或从事的审美活动属于哪种类型，比如是游戏还是艺术，以及又是艺术中的哪种样式，比如美术、音乐、戏剧等。审美取向不同于审美倾向，前者还没有形成明确的内容含义，而后者则是某种确定的意愿或看法，所以可以算作世界观的构成部分或方面。因此，各种审美倾向可能存在矛盾或发生冲突，也可能相对一致或认同，但这些都属于世界观"内部"的事情。由于审美取向具有内容的不确定性、动因的本能性和发展的开放性等特点，所以才是或者才可能作为"外在于"世界观的因素或活动，与之构成相应的关系，包括相互矛盾和冲突、相互影响和补充等。

作为人们对世界或宇宙的总体或整体看法，世界观其实是由社会分工造成的，也就是有某些专业人员和部门或机构来提供这种看法，以及相应看法的具体内容含义。由此，世界观由于它的专业性、权威性，以及对具体行为的指导性甚至规范性，使得它自己本身也是一种分工，而这种分工的一个突出特征在于，它是以观念性的因素或资料为主要运作对象的。但是，由于世界观的成立或形成随时受到历史和现实各种因素的影响，所以世界观的构成也就包括或暗含了它的形成和变化调整。至少从现实状况来来讲，世界观的构成因素及方面很多，所以它们一般很难作为某种整体与审美取向产生影响和作用，更多的情况是针对不同的审美取向，由世界观的某些部分或方面与其产生影响和作用关系。

　　无论从逻辑还是从实践来讲，审美取向与世界观相互的影响和作用都具有不同的方向，也就是对于既定状况来讲具有不同的变化和发展可能。大体说来，审美取向与世界观的这种作用变化包括三种情况，即相互促进、相互阻碍和一方改变另一方。相互促进的情况之所以可能，在于审美取向和世界观都希望对方能够支持自己，而它们各自也的确都有把事情做得"更好"的内在愿望和动力。至于相互阻碍的情况，主要是因为审美取向的自由状态和世界观的刚性要求天生就是一对矛盾。尽管一方改变另一方的情况归根到底是前述两种情况的一种，但从结果和效用的角度来讲却有着自己的真实内容和含义，即妥协。对于这种妥协来讲，谁或者哪一方改变了谁或者另一方、改变了什么、改变的程度和范围等都是不确定的。真正可以确定的是，妥协的结果将作为改变"之后"新生出的独立力量，开始新一轮审美取向和世界观相互关系的博弈，包括促进、阻碍、改变、妥协等方式和形态。

第七章　艺术与社会境况

　　这一章的艺术和社会境况都是从美学角度讲的，也就是指这两者的美学性质和特征，或者说由于相同或相通的美学特性而结成的关联形态。由此，艺术活动是作为现实美学活动中主要、甚至唯一的领域而具有意义的，所以社会境况指的就是由艺术的意义所体现出的具有美学性质和特征的社会境况。作为真实的内容，艺术活动可以存在或显现在现实的社会"之中"，但艺术的意义却可以，而且往往指向现实的社会"之外"。换句话说，美学的社会境况既存在于现实社会之中，又超越了现实社会的局限，而这种情况，既是构成真实的艺术活动的重要因素，也是相应艺术的具体内容。因此，艺术与社会境况的这种关联形态所体现的，是美学活动的创造性意义。

1. 艺术的意义

　　和前述各章一样，这一章如果没有特别说明，所说的"艺术"除了音乐、美术、舞蹈等艺术类别，也包括文学在内。之所以这样做，是因为艺术和文学在美学上有一个相同或相通之处，即它们都能引起或生成用语言难以、甚至无法表达的审美感受或体验。但是，文学作品的载体或运用方式毕竟是语言，也就是思维的表述形态，包括文字表达和口头言语，所以人们就以为可以对文学进行包括认识论、价值论等各种或各方面的"科学"研究，并且要求这种研究在方法上应该符合"逻辑"，并经得起"实证"的检验。比如在中国的学术或学科分类中，文学是划为"社会科学"的，其他的各种艺术门类或类别才叫作艺术，间或也在学术或学科的意义上把它们划为"人文科学"。文学和艺术的上述区别是的确存在的，而且对于相应的讨论分析也很重要。但是，正是这种区别，显露出了作为文学和艺术共同或共通之处的美学"意义"。

在《哲学的味道》中我们说过，"意义"不仅包括意思、内容、含义等因素，而且包括这三者的因果关系和作用指向。因此，意义不仅有具体的内容，而且在强调相应的判断、目的和价值的基础上，指出或启示了比当下"更多"的东西，也就是超越当下的时空状态和社会境况的某种观念。[①] 艺术就是美学意义的主要领域，甚至是唯一的领域，因为只要审美不是绝对"一个人"的，比如面对自然风景引起壮美、愉悦或恐怖、惆怅等感受，两个人以上的相互体认和交流就具有了艺术性，甚至相应的体认和交流就作为艺术形式而产生了"意义"的创造。换句话说，美学意义的表现领域和承载形态就是艺术活动，所以可以直接讨论艺术的意义，或者说艺术的意

---

① 孙津：《哲学的味道》，北京，团结出版社 2022 年版，第 17 页。

义的美学性。

讨论艺术的意义的必要前提，就是明确艺术的特性，也就是一般所说的艺术"是什么"。但是，很难保证"是什么"这种全称判断的正确性，至少几乎不可能达到周延性。因此，我们可以换一个角度，看看能否指出艺术"不是"什么。这样做的好处在于便于确定讨论前提的针对性，也就是说，既然我们是从美学的角度分析艺术的意义的，那么排除艺术不可能或不应该"是"的那些主要方面和内容，也就去掉了与美学无关的东西，或者说就能够最大限度地保留艺术特性中的美学因素。当然，不是艺术的东西，或者说艺术所不是的可能性很多，因此，这里主要针对那些最为流行的看法，以我近 40 年前写过的一篇文章①为基础，指出艺术不是什么。

第一，艺术不是科学。或许，这种说法看起来很容易被接受，然而实际上人们在做各种艺术"研究"的时候，还是自觉不自觉地把艺术当成了科学，至少是可以加以研究的"科学对象"。当我们说把某个对象当作科学来研究时，其主要含义是指揭示和说明那个对象的真实性，即这个对象的表象以及对这个对象的看法或认识与这个对象的存在根据的"符合"性，也就是所谓"存真"。比如，太阳"挂在天上"是太阳这个对象的一种表象，通过科学手段的研究分析，可以认为这是真的，只不过"挂在天上"的意思应该表述为悬在或飘在银河系中。据此，至少有两个方面使得艺术作品不能也没有必要"存真"。

---

① 孙津:《文艺不是什么》，载《当代文艺思潮》1986 年第 1 期，第 41-49 页。

一方面，艺术作品从一开始就不是作为表述对象为"真"这样一种知识体系而获得自身存在的。这样讲的道理至少在于，艺术作品是一种观念性的存在，不管具体内容说的或表现的是什么，总之没有必要依靠实际事件、人物、现实等东西的"真"来表示自己的科学性。另一方面，艺术作品的观念性存在使得它的内容含义具有不确定性，包括内容本身的含义和内容在什么意义上被对待或认可。比如，即使是小说这种文学作品，看起来文字表达的内容含义应该对所有人都是一样的，也就是具有科学的"存真"性。但这也只是看起来如此，事实在于其内容也只是在被阅读或者说被"艺术地"或"审美地"对待的时候，"那个"小说才成为真实的艺术作品，否则就算它能够被作为科学对象，也已经与它的艺术特性无关了。因此，无论从目的还是方式上讲，"阅读"文学作品都不是一个达致"存真"的活动，而是获得文字表述或语言的字面含义之外的"意义"的过程，这个意义就是美学性的艺术意义。

具体来说，艺术作品的特性在于"艺术"，而不是作品的构成材料、故事和情节内容、表演方式。我认为，艺术是人类寻求语言规范局限之外的某种言语活动，其形态或方式多种多样，包括阅读、朗诵、歌唱、聆听、表演、观看等，唯独不包括或没必要考虑这种活动本身是否具有科学性。因此，如果不至于再次陷入艺术"是"什么的怪圈，唯一的办法是把艺术当成某种特性本身，比如美学性，然后就可以由此来确证各种相应的活动是否是艺术活动。从这个意义上讲，不仅创作、欣赏和批评等活动不是科学，就是艺术"理论"的性质确定也不是科学性的，尽管在理论的运用以及对待理论的看法等方面，可以具有"合理"与否意义上的科学性。

第二，艺术不是现实生活的反映。从唯物主义的认识论来讲，观念性的东西归根到底是对现实，尤其是物质现实的反映，所以艺术作为观念性的东西当然也是现实，尤其是现实生活的反映。但是，这种说法的道理或根据在很大程度上只是逻辑上的，无论它正确与否，都还不足以、甚至根本不能从艺术特性的角度说明艺术存在的实际情况。其实，正因为生活是无限丰富多彩的，"反映"本身的方式和含义也不可能仅仅停留在逻辑的范畴和层面。换句话说，正确的逻辑也需要根据不同的针对作相应的不同运用，这里的道理就好比方法本身并不是现实一样。由此，至少可以针对艺术是现实生活的反映这种观点或理论的主要四个方面，分别给出并说明相应否定的理由。

其一，艺术创作不是模仿自然，也不是再现现实。模仿说是一个古老的艺术理论，它或许有自己的道理，尤其是在艺术起源方面。但是，无论起源还是现实，就人的自由意识的发展来讲，模仿或再现本身就是一种拙劣的倒退，而就人对自由状态的掌握来讲，模仿或再现使得艺术活动本身成为多余。即使是艺术方面的学习和训练，也不是完全的模仿和再现，相反总是要求从中得出"自己的"或新的体认和领悟。其二，艺术活动所处理的对象原本就不是第一性的客观物质，而是第二性的观念活动本身，也就是"已经"由艺术家加工处理过的"反映"内容，包括前面说的尚未形成明确内容的审美取向。当然，有时候也能够明确指出艺术作品或表演与现实生活非常相像或类似的地方，不过从艺术特性上讲，这种情况应该是文艺家的某种要求与客观现实的某些方面所发生的同构联系，而不是简单地反映。其三，艺术作品以及整个艺术活动的存在意义都不在于承载相应活动的各种物质因素。事实上，艺术活动总是寻求越过物质存在与观念反映的一一对应的局限，也正是借助这种"越过"来进入或达到艺术的自由实现状态。其四，艺术批评和艺术理论作为艺术活动的构成部分或方面，其具体的认识和看法的确总是某种现实的反映，然而这种现实的"存在"绝大部分都已经是作为观念形态的艺术作品的内容了，所以艺术批评和艺术理论即使具有认识论的反映论性质，从其真实性来讲也已经是间接的、二次或多次性的反映了。

第二，艺术不是形象地表现某种内容。的确，用各种形象来说或表现，一直被看作艺术的本质性特征。但是，这很可能是由于对审美自由的偏爱造成的，也就是说，几乎没有人喜欢听别人说教，也不希望把道理本身拿来让他做欣赏对象，而是希望能够自己直接感受到引起或产生美感的对象。当然，这里也有艺术创作本身的技巧问题，因为形象不仅能够更直接地为人们欣赏，而且也比较容易避免直接说教带来的反感。尽管如此，形象表现某种内容的说法还是有三个根本性错误，或者说至少是三个容易引起误解的地方。

其一，割裂了形式与内容的统一性。因为既然所有的存在形态已经表明，没有无形式的内容，也没有无内容的形式，那么就同一性质和层次来讲，艺术作品的形式和内容都只能在艺术活动自身的存在方式或形态"之内"加以说明。换句话说，就连形象本身也具有自己相应的形式和内容。其二，如果把社会生活作为内容一方，艺术作品作为形式一方，那么显然社会生活对于艺术作品和对其他观念形态来讲都是同等意义的了。换句话说，社会生活在此就成为静止的、无差别的和无生命的存在对象，而艺术作品甚至整体的艺术活动的存在都只能取决于某种特殊的形式，比如形象地表现。但是，这样一来的必然结果只能是意义本身的混乱，因为相应形象的来源和归属都将由于它们的无差别性而无从安置了。其三，形象地表现内容这种看法隐含着一种倾向，就是把艺术作品和整个艺术活动当成社会生活"之外"的东西，或者说，艺术不是社会生活的构成部分。之所以说"隐含"，是因为人们对这种看法的内在矛盾已经习以为常，很少加以关注了。比如，时代对艺术的影响、艺术要适应时代要求以及艺术为社会服务等说法自有其道理，人们也可以按照这些道理去从事艺术活动，但如果对此缺少自觉性就可能带来一些负面的效果，比如概念化和庸俗化。这里所谓的不自觉就在于没有认识到，形象地表现和为什么服务的说法所遵从的是同一个逻辑，即把艺术当成外在于时代或生活的某种工具。

指出上述这些"不是"，存留下来的应该是艺术特性的某种"位置"，即人们在争取观念形态的自由实现过程中的一种范式，它作为争取相应自由的手段的同时，也就组织建构了那自由获得的本身。其实，这种表述指的就是艺术的意义，也是它的特征形态，即对于无中生有的应答。所谓"无"，就是指审美取向的本能性，以及艺术活动、尤其是艺术作品的虚构性。换句话说，这里的"无"就是语言甚至思维之外的某个位置，而"有"就是艺术的表现或表演形态。因此，如果问题是无中生有的内容，那么答案就是各种

"有"的形式，也就是问题的自我展现或展开。

2. 社会境况的规定性

这里的社会境况是针对它的美学性质和特征来讲的，而上述艺术的意义表明，艺术活动才是或者说承载了这个社会境况的美学性表演。但是另一方面，艺术活动本身也是社会境况的构成部分或方面，而且从发生学的角度讲，它还是社会境况形成的一个动因或力量。与此相一致，社会境况也是一个不断形成和构成的过程，因此所谓社会境况的规定性，就是指对既定的社会境况及其变化的无可选择。但是，这种无可选择的真实性不是针对人或社会来讲的，而是指某种具有规律性的状况，也就是形成或造成这种无可选择境况的主要因素及作用。简括地说，这种主要因素及作用包括两个方面，即历史和道德。

所谓历史的因素及作用，是指某种过程的张力。毫无疑问的是，任何社会境况都不是凭空出现的，也不是一成不变的，因此，人们不得不总是处在既定的社会境况中，又总是谋求改变这个境况，或者说创造出新的境况。对于这种历史因素及作用，恩格斯曾有过清楚的阐述："我们自己创造着我们的历史，但是第一，我们是在十分确定的前提和条件下进行创造的。"第二，"最终的结果总是从许多单个的意志的相互冲突中产生出来的，而其中每一个意志，又是由许多特殊的生活条件，才成为它所成为的那样"，就像无数个力的平行四边形组成的合力，每个意志都对这个合力有所贡献，并包括在它里面。第三，人们总是、甚至只能"在制约着他们的一定环境中"进行创造。[①] 在这种过程的张力中，艺术显然也是造成或创造社会境况的动力之一，同时又是一定的或具体的社会境况的构成部分。因此，对于艺术来讲，这种张力的规定性既是一个矛盾，也是超越这个矛盾的表演，就是既要或能够用历史演绎当今，又要或能够用当今说明历史。

一个比较普遍和突出的现象，就是人们总是不断地欣赏过去的或历史流传下来的艺术作品，尤其是所谓经典作品，并由此获得审美享受。但是，这种艺术现象或活动本身就处在某种张力之中。比如，每逢有历史或经典歌曲的演唱节目，都会受到人们普遍的欢迎，但是，这些演唱是否跟"原来的"形式和效果一样就很难说了，因为时代在变，演员们也都处在新近的历史前提和现实条件的规定或制约中。反过来讲，经过训练，演员们也许能够在思想认识、情感倾向、演唱方式的统一方面和过去的演唱一样，但这也就可能只是在还原一种记忆，所以并不等于就达到或体现了相应的艺术性。

其实，即使是历史博物馆的展品，在选择标准和内容说明方面也是以当下的认识和需要而变化的。不过，这种演绎当今和说明历史的张力处理并不总是具有正面效果的；相反，如果对此陷入盲目性，就很容易产生对历史因素运用的随意性。比如，在一些反映历史事件的影视作品中，经常出现过去、甚至古代的人说今天的话语

---

① 恩格斯:《马克思恩格斯选集》第 4 卷，北京，人民出版社 1972 年版，第 477-479、506 页。

的情况，比如"分享""爆料""第一时间"，以及把小孩和动物幼崽都叫作"宝宝"等，而且一点儿也看不出导演这样做是在故意搞笑或幽默。其实，这就是在前述那种过程张力中不经意地或习惯性地偷懒，也就是所谓不严谨，不好好做功课，以当下的审美取向套用历史。

上述艺术实例都是"活动的"，所以好像有很多重复的机会和创新的空间，其实，"静止的"艺术形式同样也有如何处理过程张力或社会境况规定性的问题。比如，孙滋溪在 1964 年创作了一幅油画《天安门前》，画面就是那个年代的农民、工人、军人在天安门前照相。后来，孙滋溪和他的女儿孙路（也是画家）合作又画了两幅在题材、构图、色调等方面几乎一样的作品，分别是 2003 年画的《天安门前 70 年代》和 2006 年画的《天安门前 90 年代》。不同的是，画作中在天安门前合影留念的主体人物在 70 年代的是即将前往北大荒的知识青年，而在 90 年代则是农民工和国外旅游团。在这个时间跨度中，不变的或固定的场景或空间是天安门及广场，变化的看起来是不同的人物群体，实质却是构成这个场景和空间并反映或体现相应意义的社会境况。

如果说，以上三幅油画作品以静态定格的方式，反映了用当下演绎历史和用历史说明当下的张力，并体现了相应意义的矛盾和统一，那么从更具艺术表演自身特性的角度讲，艺术家马克·坦西（Mark Tansey）在 1984 年创作的油画《纽约画派的胜利》则典型而清楚地表明，艺术的"意义"是可以用任何方式，包括历史和当下的因素及作用来展示和演绎的。坦西主要关注的是艺术史，尤其是理论和概念方面的论争，而他用画作所要表示的则是一个艺术史事实，即历史上纽约在第二次世界大战刚结束时，就取代巴黎成为世界艺术之都和国际先锋派的中心驻地。按照一般的逻辑和做法，既然纽约画派的特征是各种先锋主义，尤其是抽象表现主义，宣告它的胜利也应该用它的方式或风格来画，但是，坦西却采用了完全写实的方式，包括整个场景、空间、人物、服装、枪械、物件等。画面上，身穿"二战"时期法国军服的人正在向身穿美国军服的人签写投降书，而这个法国军官就是当时法国超现实主义的领袖安德烈·布勒东（Andre Breton），美方接受投降的军官则是抽象表现主义的发言人、20世纪中后期西方艺术界最具影响力的批评家之一克莱门特·格林伯格（Clement Greenberg）。在投降的一方还包括很多著名的超现实主义、立体主义等法国和欧洲的画家，比如毕加索、马蒂斯、莱热、马塞尔·杜尚、胡安·格里斯、皮埃尔·博纳尔、亨利·卢梭等。

其实，上述历史的因素及作用表明，处理相应张力的过程也就是填充和建构艺术意义的方式。比如，在关于以什么标准表示人类社会进入到文明时代方面，历来主流的观点基本上是看是否具备了冶铁术、文字和城市等因素。但是，中国学术界现在提出的标准，主要是城市、阶级、文化等因素或方面的发达程度。正是"意义"的这种过程性和建构性同时也表明，艺术其实是一种历史范畴，所以给它填充不同的含义本来就是正常的认识和做法。因此，上一部所指出的艺术的那些"不是"，恰恰提供了艺术在否定中不断再生的根据或理由。

　　至少从逻辑上讲，社会境况的规定性对艺术活动的影响也包括艺术消亡的可能。的确，作为历史范畴，艺术消亡是完全可能的，不过从实践层面讲，这其实是一个不用操心的问题，因为艺术和社会境况原本就是一个整体的两个部分或方面。因此，这个问题就像匈牙利文化社会学家阿诺德·豪塞尔说的那样，"艺术既不能命令自己去招致毁灭，也不能预先这样宣告，因为如果它能够这样做，那它就仍然是存在着的。它的毁灭的标准在于它的功能的缺失"。①事实上，艺术消亡与否也是社会境况历史规定性的某种体现，不然的话，比如如果黑格尔真的认为艺术终将让位给哲学或宗教，那也不过是艺术的意义本身的变化。

　　接下来说道德的因素及作用。从历史遗存和既有条件或状况来讲，历史可以算作是物质性的东西，而且人们也可以享受在其中，与此相较，道德几乎完全是精神性的东西了，尽管它的某些象征性载体或标志可以是物质形态的。因此，从道德的标准或理念也是随着历史不断变化来讲，道德也可以算是对历史的反映。比如，在农耕文明的时期，道德基本上是一种感恩文化，也就是说，由于土地是上天或大自然赐予的，所以需要并且值得感恩。相应地，这种道德核心是伦理秩序，也就是纵向的给予根据和顺序，比如自然给出人、父母给出子女、土地给出粮食等。与农耕文明不同，工业文明靠的主要是科学技术，所以它的出发点和核心根据都是个人主义和

---

　　① 　[匈] Arnold Hauser: The Sociology of Art（阿诺德·豪塞尔:《艺术社会学》），Chicago，1982，p.659.

工具主义，以为一切全凭自己的努力和能力。与此相一致，工业文明的道德没有纵向的给予和感恩，也没有伦理秩序，有的只是横向的、也就是普遍合理的私有观念和手段至上，好像只要有能力就人定胜天，没能力就活该倒霉。

由此看来，道德是应然的要求，因为它是某种选择，而伦理则是必然的规定，也就是必须或不得不选择的根据。不过，这里的"是"是指某种状态，因为应然和必然都不是所是的那个东西（事物或对象）本身。因此，伦理就是人和社会的"居间"状态，从而人和社会才能依此进行真实互动。相对说来，伦理是否定性的或禁止性的结构，道德就选择性或肯定性的功能，所以在没有伦理的地方和时候，道德既很容易沦为随心所欲。因此，尽管具体的道德内容或要求能够直接或间接地影响社会境况的形成，同时也成为真实的社会境况的构成部分或方面，但是从艺术活动和社会境况的关系来讲，更重要的应该是说明道德因素和作用的普遍性，包括道德能否作为艺术活动的因素，如果能够又是怎样的因素，以及对艺术活动有什么作用等。

无论作为某种因素，还是直接间接地起作用，道德对于艺术最为突出的影响就是导向性、甚至规范性要求，而且要使这些要求成为个人自愿的约束。当然，具体的导向或规范要求也是根据不同的社会境况做出的，并且反作用于社会境况，或者说成为真实社会境况的构成部分或方面。比如，中国对于艺术创作有一个明确的要求，就是古为今用、洋为中用。这个要求当然不仅仅是针对艺术的，也包括思想、文化、科学、技术等所有文明和学术方面。但是，这个要求对于艺术来讲，首要前提是把艺术作为某种"事业"来对待，所以也才会在相同的意义上提出艺术为什么服务的要求，包括为社会主义、为人民、为现代化服务等。之所以说这种情况和相应要求是道德性的，一方面是政治原因，也就是宣示为道德为善的意识形态，另一方面则是民族感情和爱国主义。对于这个"另一方面"，至少可以有两个理由或者可以从两个方面加以解释。一是从"古代"到今天的悠久历史，其间文明进程和相应形态一直没有中断，或者说一直正常延续；二是"西洋"文明的影响和参照，由于历史上外国列强的欺压以及西方现代化的率先实施，"洋为中用"的道德必要性和技术重要性已经达到无法回避的程度。

在艺术领域，古为今用、洋为中用的最典型实例，也许就是所谓新中国画的观念和做法。新中国成立到 20 世纪 60 年代，美术界有一些人觉得用传统国画的方式来表现新社会和新的精神风貌，以及为工农兵服务都有很多局限，于是就探索在传统国画的基础上的创新道路，于是就有了"新中国画"一说。对于这种艺术的创新努力来讲，道德因素是显而易见的，不过其作用方式本身却是艺术性的，而不仅仅是外在于艺术的道德要求。事实上，当时创造出新中国画艺术形式、并且引领其发展方向的，都是艺术天赋极高并已经卓有成就的国画家，包括徐悲鸿、黄胄、傅抱石、钱松岩、宋文治、方增先等。傅抱石还辅导大学四年级的学生集体写了《我们对继承和发展民族绘画优秀传统的意见》一文 [1]，认为我们民族的绘画技

---

[1] 该文刊载于《美术》1955 年第 8 期。

法是科学的、写实的，继承发展其优秀部分，是会指导我们今天的绘画实践的，但仅仅满足已有的技法，故步自封是不对的，我们对于那些不够的地方应予以充实和发展。

中国画创新不仅适应了古为今用的要求，其实也有洋为中用的方面或成分。比如，在如何表现人物形象方面，一个明显的事实就是对西画技术的学习和借鉴，包括研究解剖和色彩以及进行写生等。这种学习和借鉴带来的成就是十分突出的，方增先、刘文西、周思聪等就是其中的佼佼者。不过，这种学习和借鉴并不是照抄照搬，而是紧紧结合中国画的作画材质和技术，在传统笔墨以及线条的基础上，探求创新。比如，方增先就认为，中国画的基本功是线条，而且这既是传承，更是创新，而不是西画意义上的素描。尤其是画人物，传统中国画虽然也传神，但人体结构还是不准确，尤其是不扎实，一个很重要的原因就是线条不适用。薛永年也认为，中国美术的优秀传统包括古代的优秀传统和 20 世纪的新传统这两大部分，而写生作为近百年来形成的美术新传统，既是引进西学的产物，又是为纠正时弊对"师造化"的回归，一方面推动了创作源泉的直溯，另一方面也促进了绘画语言的丰富。①

当然，最为直接体现洋为中用要求的艺术探索，就是所谓油画民族化。这方面的争论很多，比如反对的意见认为，油画就是西画，改变了就没有味道了，而赞同的意见则认为，只有越具有民族特征的艺术，才能够越具有世界性。不过，油画的"民族化"本身的含

---

① 薛永年：《写生与新传统》，载《中华书画家》2016 年第 2 期，第 118-121 页。

义其实并不清楚，比如有可能指某种标准，也可能指符合某种民族精神或特征的程度，还可能涉及到与民族性、民族形式的关系及区别。① 事实上，不管油画民族化的说法是否准确，要求是否合理，总之实践中已经并仍将出现大量具有中国特征、也就是民族化了的油画作品，比如徐悲鸿、周树桥以及前面说过的孙滋溪等在这方面都有杰出的表现。其实，之所以说这些情况反映了艺术活动中的道德因素及作用，还在于一些理念本身已经成为具有道德含义的集体无意识。比如，有一篇评论北京人民剧院的话剧《正红旗下》的文章，题目就是"向着话剧的民族化经典化迈进"。②

需要说明的是，由于具体的道德内容、指向和标准并不一样，所以真实的道德运用并不一定总是性质为善的。比如，既然道德在发生学的存在方式上是某种选择，它就有可能实施或成为有意识的或自觉的欺骗、讹诈、伪装、掩饰等行为，而同时却不一定违背伦理。在这种社会境况中，哲学不是、也不可能是对于所谓客观规律的真实反映和说明。然而艺术则不同，它既可以作为真实的虚假或虚假的真实，也能够表现比真实还逼真的境况和道理，从而免除了被指斥为欺骗、讹诈、伪装、掩饰的可能。换句话说，道德因素及作用是艺术无法回避的社会境况的规定性，但相对历史因素及作用来讲，艺术似乎更多了自由选择的可能，至少在表现形式上是如此。

---

① 孙津：《民族性、民族形式民族化》，载《美术》1981年第9期，第50-52页。
② 该文见《北京日报》2023年4月25日第13版。

3. 相互关联的价值观

所谓相互关联的价值观，在此是指艺术的意义和社会境况的规定性这两者的相互关联所体现出的价值观。从空间角度讲，艺术活动是处于社会"里面"或"之中"的，不过，由于艺术总是属人的活动，所以它和以人为主体的社会还有一个共同的对象，就是自然。换句话说，必须把艺术从社会中"剥离"出来，才谈得上这两者的相互关联。单就自然与社会的互为对象来讲，既可以说自然为大，因为它就是整个地球，所以社会在自然之中，但是也可以说社会为大，就像是一个大容器，所以从世间所有东西都装在这个容器中来讲，自然也处于社会之中。比如，自然条件以及它的产出都是属于各个共同体的，也就是不同的社会，即使是公属的海洋，也可以看作是处在实体的"世界"之中。不过，这样一来社会和自然就没有区别了。因此，社会这个容器和自然最根本的不同不在于孰大孰小，而在于社会是由人与人的关系构成的。这种人与人的关系对于共同体或群体来讲也一样，因为他（或它）们也是由人组成的。

正是由于人与人的关系，而且人要想活下去就不得不结成这种关系，于是就产生了价值观。价值观并不仅仅是精神状态，而且直接导致上述社会"容器"的状态如何，甚至大小多少。比如，为了赚钱而盲目开发，结果生态破坏了，动植物减少了，自然界的容器就小了。但是，价值观的这种影响并不意味着社会和自然两种容器的大小有什么必然的比例关系，不论正比还是反比。比如，前述所谓自然的容器变小了，可能是指具体空间，也可以是物种的数量，然而与此同时社会的容器未必就增大了，或许由于伴随而来的瘟疫，人口的数量减少了，或者温室效应使得适合居住的地方变小了。

一般说来，艺术与社会现实的相互影响并不难理解，包括艺术既反映了社会和价值观，也受它们的影响甚至制约。比如，19 世纪 70 年代以后的 20 年间，挪威出现了文学繁荣。对此，恩格斯不仅认为除了俄罗斯文学没有别的国家可以与之媲美，同时指出，这种文学繁荣的原因在于挪威的历史是正常的，而且挪威的农民从来都不是农奴，所以在面对工业化的时候，挪威人既能顺应发展，又能保持自己的性格以及首创和独立精神。① 但是，从上述自然、人、社会的相互关系和存在形态来讲，总需要有某种力量才使得社会的不同方面，尤其是其精神形态得以区分开来。这个力量就是价值，从而能够借助或经由它使得艺术的意义、而不是艺术本身，从社会境况中"剥离"出来，而对于这种情况的看法就成了相应的价值观。

从艺术活动与社会境况的相互关联形态来看，社会境况的"社会"和艺术活动的"活动"都占有空间，而社会境况的"境况"则无所谓有没有空间，因为它不过是相应"意义"，当然也就包括艺术的意义的维度和网络。因此，艺术的意义与社会境况的规定性都是时间性的，相应的关联形态所体现的是功能与目的的美学性或审美性组合，从普遍性来讲也即实际上"是"什么和"为了"什么的

① 恩格斯:《马克思恩格斯选集》第 4 卷，北京，人民出版社 1972 年版，第 472-474 页。

既定状况及关系的重构。作为实际上是什么，艺术活动和社会境况是可以相对区分对待的，但是为了什么就只能在艺术的意义和社会境况的规定性的关联形态中见出或得出，因为能够为这两者的"为了什么"提供目的或目标动力的，都是相应的价值观。

在艺术活动中，目的或目标动力是能够产生相应意义的主要或重要来源或依据。当然，真实的艺术意义来源或依据有很多，不过历史题材、重大题材、社会需要、热点话题等都是其中常见的因素，至少在中国是如此。事实上，这些因素之所以能够成为艺术意义的来源或依据，就在于它们所具有、体现或承载的价值观。比如，1964年中国第一颗原子弹爆炸，举国上下和各民族人民都欢欣鼓舞，精神大为提振。于是，山水画家吴湖帆在1965年创作了国画《原子弹放射图》，以作赞誉。作品虽然用的是传统的国画材质和方法，但画面效果也有所谓油画感，也即美术界所说的用传统笔墨表现写实特征。不过，整幅构图和画面内容其实就是原子弹爆炸形成的蘑菇云，而且是根据甚至对着照片的临摹。因此，此画主要是依靠题材而取得成功的，也就是题材所具有、体现或承载的价值观在起作用。因此，当这幅作品展出时，有解放军战士在展厅的意见簿上留言盛赞，并要求把这幅画印刷为宣传品，以供广大人民群众购买欣赏。

和道德一样，具体的价值观也是多种多样的，而且存在更多矛盾或冲突的地方。比如，大多数人都觉得金银首饰很美，愿意佩戴。但是，如果以今天的材料工程和加工技术来讲，完全可以用别的材料，比如塑料、玻璃、合金钢等做出比金银材质好看得多的首饰。

因此，实际上大多数人都是因为金银的价值而觉得它们"好看"、也就是美的，而且他们的这种"觉得"是完全真实的、诚心的。这就是价值观的作用，其具体内容包括金钱、地位、名望、身份、虚荣心等，但都不露痕迹地转换为审美因素，以及艺术品（首饰也是艺术品）的相应意义了。在这方面，"向上看齐"似乎是一种普遍的价值观，而且这里的"上"可以违背阶级属性，也可以是非道德的伪善。比如，恩格斯在批判英国的工联主义时就说过，"这里最可恶的，就是已经深入工人肺腑的资产阶级式的'体面'"，包括喜欢巴结比自己更"尊贵"、地位"更高"、生活条件"更好"的人，尤其是那些当官的和有钱的人。①

　　事实上，价值观影响审美取向和审美倾向的情况历来如此，甚至上述那种"向上看齐"已经是一种习惯心理。比如，第一次世界大战时期德国的将军兴登堡其实是个暴发户，却处心积虑把自己打扮成条顿贵族，显得既有文化，又有民族性，而为他包装打造的却是鲁登道夫。又比如，无论在有贵族传统的英国，还是一开始就是在资产阶级基础上发展起来的年轻的美国，早在19世纪就出现了工人资产阶级化的倾向：在英国是以自己作为英格兰人而反对经济水平较差的爱尔兰工人，在美国则是以为自己反封建而具有天然的优越感。我把这种情况叫作"国家阶级"，而且在今天更加明显。具体来说，就是发达国家的工人阶级和一般的劳动阶级，一方面和

---

　　① 恩格斯：《马克思恩格斯选集》第4卷，北京，人民出版社1972年版，第468页。

自己的国家一起分享由剥削较不发达国家或发展中国家带来的"好处"，另一方面则由这种价值观产生出相应的审美倾向，包括用盲目的优越感来歧视其他国家和民族的艺术作品。①

如果说，具体的情况各有各的原因和用处，那么，最能使艺术的意义和社会境况的规定性发生关联或交集的因素和动力，就是价值观。但是，正是这种关联的实际情况，使得前面所说的艺术是否会消亡具有了意义的真实性，因为艺术的功能未必会缺失，但功能的价值导向却可能是危害人自己的，或者说非道德伪善的。比如，全面开发和应用人工智能的危险现在是越来越明显了，于是也就有越来来越多的科学家、企业主、民众以及相关机构甚至政府开始关心所谓 AI 安全，除了要求制度层面的防范机制，还希望在技术上从一开始就教给它好的东西以及相应的道德标准和价值观，防止坏的道德和价值观。其实，这些努力不仅仍是治标不治本，而且根本就是一个不可能实现的幻想，因为各方都想赚钱，所以只会恶性循环，越弄越糟。在此意义上讲，这种 AI 安全所反映或体现的，正是人类自身及其实践伦理的异化。

因此，与前述"向上看齐"的心理方向相反，但在价值观作用的性质上一样的情况，是艺术的意义与社会境况的规定性关联形态中的媚俗和从众心理，而且这种情况和相应的心理也很容易在不经意间成为集体无意识，以至于人们对做出违背自己认同的道德或价

---

① 孙津、韩李云：《阶级分析的适用针对及其变化》，载《当代世界与社会主义》2013 年第 6 期，第 45-50 页。

值观的行为也全然无感或熟视无睹。比如，商家为了促销，把包装做得很好看，为此不惜省略商品功能或用途的名称，比如是沐浴液还是洗发水、是润肤霜还是护发素等，或者只用很小的字来写，查找起来十分费劲。这种情况对于常用相应商品的人来说似乎不成问题，因为人们可以或者根据经验甚至直觉来推测或者通过大肆宣传标榜的广告语辨识出某商品是什么用途，但这种情况恰恰表明了形象大于实用的审美习惯已经成为集体无意识。更有甚者，为了吸引眼球，干脆别出心裁，乱起口号，不仅文理不通，而且价值观颠覆。比如某品牌的卫生巾，竟然在外包装上用"丢弃革命"四个大字来表示更换卫生巾的方便。

4. 小结

从美学角度讲，既然最基本、最一般、最常见的审美活动就是艺术创作和欣赏，那么，艺术活动和它的真实空间及载体必然构成某种一体化的关系，也就是双方谁也离不了谁。这种关系的双方，就是艺术与社会境况。但是，艺术活动的意义既存在于现实社会之中，又超越了现实社会的局限，所以从"意义"的角度来讲，艺术所面对的并不是具体的社会，而是各种社会境况。艺术活动的意义可以而且总是寻求从具体的艺术活动中剥离出来，从而可以和社会境况的制约或者叫作规定性构成相互关联的各种形态。对此的理解至少包括三个方面的内容，即艺术的意义、社会境况的规定性，以及由艺术的意义和社会境况的规定性这两者的相互关联所体现出的价值观运用。

从实践活动的真实性来讲，艺术是一种超越规范语言局限的话语形式或表演，而艺术的意义就在于对这种超越的谋求和探索，以及由此引发或生成的自由实现状态。因此，艺术不是科学。从操作的层面讲，艺术可以模仿各种对象，也可以反映现实生活，但这些都不是艺术自身的性质和特征。作为人们争取观念形态的自由实现过程中的一种范式，艺术既是争取相应自由的手段，同时也就组织建构了那自由获得的本身。由此，艺术的形态特征在于各种"无中生有"的应答。"无"是指语言甚至思维之外的某个位置，而"有"则是这个位置的表现或表演形态。如果将这种无中生有作为问题，那么艺术就是相应问题的自我展现或表演。

社会就像一个大容器，世间万物都装在里面，而相应的境况则是时间性的，它所表示的是整个社会不断形成或构成的过程及相应状态。由此，社会境况的规定性就是指这种构成及其变化的无可选择，其主要的因素和作用包括两个方面，即历史和道德。历史的因素及作用主要体现为某种过程的张力，它对于艺术来讲就是既要或能够用历史演绎当今，又要或能够用当今说明历史，而艺术则通过各种自由实现的形态，将这个要求转换为超越这种张力的规定性矛盾的表演。道德的因素及作用是一种应然的要求，也是某种选择。道德主要以其具有导向性、甚至规范性的要求来影响艺术，不过相对历史因素及作用来讲，艺术对于道德的因素及作用具有更多自由选择的可能。

艺术的意义与社会境况的规定性这两者之所以能够、其实也需

要相互关联，在于价值的动力。价值就是有用和值得，而如何使
艺术的意义与社会境况的规定性的关联形态具有价值，就是不同
价值观的体现和运用。在这种价值观的运用中，诸如什么是艺术
和艺术为了什么等问题就转换成各种相应的关联形态，并且承载
和体现了艺术和社会在功能与目的的关联方面的美学性或审美性
组合或整合。